航天员教你成为太空达人

段立欣　钱航　著

中国妇女出版社

图书在版编目（CIP）数据

航天员教你成为太空达人 / 段立欣，钱航著.
北京 ：中国妇女出版社，2025. 7. -- ISBN 978-7-5127-2469-3

Ⅰ. V527-49

中国国家版本馆CIP数据核字第2025PJ7297号

责任编辑：张凌云
封面设计：介末设计
责任印制：李志国

出版发行：中国妇女出版社
地　　址：北京市东城区史家胡同甲24号　　邮政编码：100010
电　　话：（010）65133160（发行部）　　65133161（邮购）
网　　址：www.womenbooks.cn
邮　　箱：zgfncbs@womenbooks.cn
法律顾问：北京市道可特律师事务所
经　　销：各地新华书店
印　　刷：鸿博昊天科技有限公司

开　　本：165mm × 235mm　1/16
印　　张：12.5
字　　数：160千字
版　　次：2025年7月第1版　　2025年7月第1次印刷
定　　价：59.80元

目录

第一问

你可以成为航天员吗？

成为一名可以飞天揽月的航天员，是很多小朋友的梦想吧？但想要实现这个梦想，可不是一件容易的事情。

首先，要有健康的体魄；其次，身体的各项功能要达到一定标准。

中国选拔的航天员，原则上身高在 1.60 ～ 1.72 米，体重在 55 ～ 70 千克。如果想成为飞船的指令长（航天器驾驶员），那要求就更多了。在前面提到的选拔标准基础上，还要加上不能近视，不可以有明显的疤痕，等等。

但值得一提的是，随着中国航天技术的发展，每一批航天员的选拔要求都进行了相应的调整。

比如中国的第一批航天员，要求是累计飞行 1000 小时以上的歼击机飞行员。后来这个标准改为需要连续飞行时间不低于 600 小时。

现在，如果是航天工程师、载荷专家、医疗专家等人才，就算戴眼镜，飞行时长不够，或者身高、体重不在标准范围内，也有机会搭乘飞船进入空间站，为中国航天事业贡献力量。

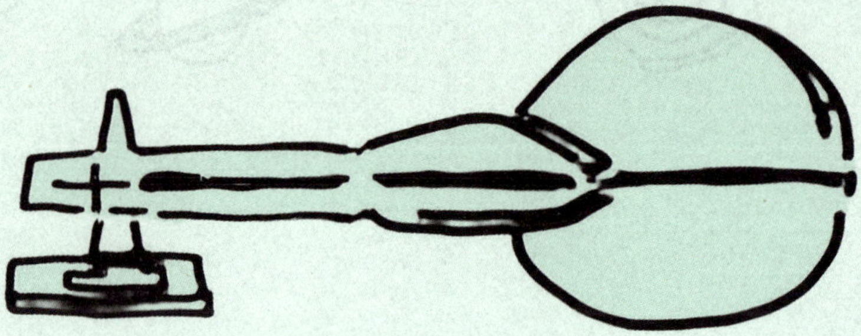

在进行最基础的选拔后，想要成为合格的航天员，还要进行一系列的严格训练。其中，离心机训练①属于特殊环境耐受训练中非常有挑战性的项目。

载人离心机，也叫“超重训练模拟器”，它就像一个平放在地上的“长手臂大摆锤”，钢臂长达 8 米，航天员需要半躺在旋臂前段椭圆形的密封舱中。

① 离心机训练，一种用于模拟高重力环境的训练方法，主要用于飞行员、航天员和军事人员的体能训练。

随着钢臂带动球形舱不断加速，坐在舱里的人会有被重物挤压的感觉，这种压力就被称为“载荷”。

在训练过程中，航天员要承受 8 ～ 10 倍重力的载荷，这就相当于背着 8 ～ 10 个自己一起坐过山车。

为什么要进行离心机训练呢?

航天员必须能够在过载环境中保持清醒的意识，才符合进入太空的条件。而离心机可以模拟航天器起飞和返回过程中遇到的各种加速度。

除了离心机训练，航天员还要进行让人头晕目眩的“前庭功能训练”。

前庭，是人体平衡系统的感受器官。它长在耳朵里，负责感知空间位置。如果前庭功能出现问题，就会感到眩晕、恶心，甚至无法保持平衡。

强大的前庭功能是成为合格航天员的必备要素。前庭功能训练工具有很多，比如转椅、螺旋梯、滚轮、旋转屋等。航天员需要在微重力环境中翻滚，上下颠倒，看起来像在做游戏一样，其实难度很大。

就拿航天员训练的转椅来说，它的旋转速度可达到每 2 秒转一圈。普通人坐上去，很快就会出现头晕、恶心、心跳加速，航天员每次进行转椅训练要达到 15 分钟才算合格。

在正式进入空间站之前，航天员为了提前适应太空中的微重力环境，还会进行“中性浮力水槽训练”。

中性浮力水槽是直径 23 米、深度 10 米，可以装 4200 立方米水的圆桶形罐子。它里面可以容纳 2 名航天员和多名潜水训练员同时进行“水槽训练”。

不要小看这个“大水槽”，它利用中性浮力[①]的原理，模拟出了太空中失重的效果。航天员在水槽里可以演练出舱后的飘浮感、运动协调性以及姿态控制、空间运动和空间操作等多种项目。

为了适应严酷的太空环境，航天员每天还要进行1～2小时的强化体能训练，比如长跑、游泳、爬山、举重、体操。

还有很多针对性的训练。比如被“关”在狭小的密闭空间中，进行“狭小空间适应性训练”；进行“喘不上气”的减压缺氧训练；野外自救和生存训练；机械臂操作训练；等等。

---

① 中性浮力，物体在流体中受到的浮力与其重力相等，从而使物体保持悬浮状态，既不上升也不下沉。

经过医学选拔、生理机能测试、心理和特殊环境耐受等训练后，过五关斩六将的航天员还需要在文化学习能力方面有极强的悟性，他们要学习的知识比想象的多得多。

航天员有一套专属的课程要学习，除了高等数学、力学基础、电工学、电子学、英语、哲学等，还有飞船设计等与航天技术有关的课程，以及天文学等与航天环境有关的课程，还要学习空气动力学、解剖生理学、航天医学、心理学……

因为航天员在太空执行任务时，需要操作复杂的航天器、开展科学实验、应对突发状况等，所以要具备全面的能力。

现在你知道想要成为一名合格的航天员有多么不容易了吧!

其实，未来想要成为一名航天员，首先要做到的就是不怕困难，勇往直前。就像中国的载人航天精神那样：特别能吃苦，特别能战斗，特别能攻关，特别能奉献。

只要心中有这种信念，并朝着这个目标不断努力，相信你会距离航天员的梦想越来越近!

第二问

什么是发射窗口？

运载火箭想要进入太空，不是随便找个时间就可以的，需要在允许发射的时间范围内点火。这个时间范围，被称为“发射窗口”。

发射窗口的确定，是非常严格和严谨的，它受到很多条件的限制，比如航天器的运行轨道、航天器的工作条件、天体运行、躲避空间碎片、地面跟踪测控通信和气象要求等因素。

为了使航天器能顺利到达预定的轨道或目标，航天工作者需要提前做很多准备。毕竟发射窗口的确定是一个相当复杂的过程，要经过大量的计算和研究。

首先是运行轨道计算。

为了有效地实现航天器进入特定轨道这一目标，发射窗口通常是根据目标轨道的位置和地球自转的相对位置来计算的。

比如，想要前往天宫空间站，计算发射窗口时需要考虑到天宫空间站的轨道高度和轨道倾斜角度。

其次是引力辅助计算。

在深空探测任务中，为了节省燃料和时间，航天器需要借助其他天体的引力进行引力辅助。这种情况下，计算发射窗口时就要考虑到这个天体什么时候才能到达我们需要的位置。

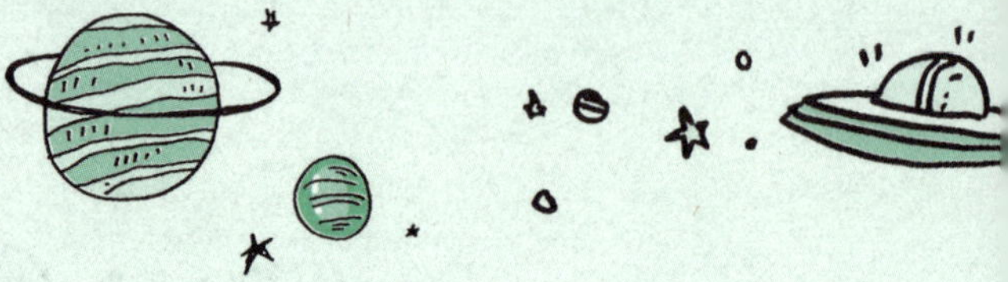

各种型号的火箭因为技术参数和性能推力、燃料消耗不同，发射窗口也不同。在计算发射窗口时，这些因素都要考虑。

以上这些只是很多计算参数中的一部分，更多的像气象条件、空间碎片的规避、地面跟踪测控通信等，都要提前设计和规划。

发射窗口有不同分类，一般情况下可以分为三种：年计窗口、月计窗口和日计窗口。

年计窗口适用于行星际探测任务，月计窗口适用于月球探测任务，日计窗口适用于卫星、飞船和空间站等航天器的发射。

通常，严谨的航天科研人员会同时用 2 ～ 3 种方式计算发射窗口，这样确定的发射窗口能尽力做到准确无误。

所以，没有极特殊的原因，火箭的发射窗口确定后是不会轻易改变的。

发射窗口定下来后，如果是载人火箭发射，航天员需要提前几天到达发射场，进行健康检查，参与全系统合练等。

这些准备都是为了帮助航天员更好地适应发射和进入微重力环境。

到了火箭发射当日，航天员穿好舱内航天服，参加“出征”仪式，然后乘坐专用航天车及电梯转移到发射平台，最后按照规定顺序进入飞船的返回舱。

返回舱又称座舱，航天员在出发去太空和从太空返回地球时，乘坐的都是这个舱段。简单说，它就是航天员的“驾驶室”。

中国的航天员会在火箭发射前 2 小时 45 分进入返回舱，然后有条不紊地检查飞船状态，与地面控制中心保持通信，确认所有系统正常后，进入发射模式。

发射窗口一到，航天员就体验到火箭发射的速度了。

第三问

舱内航天服有多厉害？

航天员身处返回舱内时，不论是向太空出发，还是返回地球，都必须穿戴好舱内航天服。

大家可能会奇怪，坐在飞船的舱段里面，为什么还要穿上臃肿的航天服？答案很简单，为了安全。

航天器在上升、变轨、降落等易发生事故的阶段，还是存在安全隐患的。舱内航天服能够最大限度保护航天员的生命安全，它又被称为“应急航天服”。

万一航天器在运行过程中遇到外来物碰撞，导致舱内压力快速下降，航天员可以接通舱内与航天服配套的调压供氧系统。这样，服装内就会立即充压供氧，并能提供一定的温度保障和通信功能。

舱内航天服之所以有如此强大的本领，和它的精密设计是分不开的。

第一层是限制层，由耐高温、耐磨损材料制成，用来保护航天服的内层，同时限制气密层在低压下膨胀。第二层是气密层，用涂有特殊物质的材料制成，密封性特别好，可以保持航天服内的压力，为航天员构建一个与外体隔绝的屏障。第三层是通风散热层，这一层的结构很有意思，有很长的微细管道连接在衣服上，这些管道可以把航天员产生的热、水和气味带走。

除此之外，完整的舱内航天服还包括可穿脱的手套、靴子、头盔和一些附件。

虽然舱内航天服有些笨重，全套重量达到 10 千克左右，但它可是航天员往返地球途中的安全保障。

历史上曾经出现过因为没有穿舱内航天服而导致航天员遇难的惨剧。

那是 1971 年 6 月，苏联联盟 11 号飞船结束了任务，即将返回地球。

因为一些特殊原因，本来只能乘坐两名宇航员的返回舱，搭乘了三名宇航员。因为返回舱空间有限，三名宇航员不得不脱掉舱内航天服才能挤进狭小的返回舱。

谁知，意外就这样发生了。

在返回地球的过程中，返回舱与轨道舱分离时压力阀被震开，导致舱内空气大量外泄。仅仅 30 秒后，返回舱内就接近真空。

由于三位宇航员都没有舱内航天服的保护，最终因为缺氧窒息和体液沸腾，牺牲在了返回地球的路上。

所以，航天员在“上天”和“回家”的路上穿戴好舱内航天服是非常必要的。

中国的舱内航天服，通常是为航天员量身定制的。经过无数参与者的千锤百炼和精雕细琢制造出来的每一件舱内航天服，都是尖端科技的集合。

当然，不管多安全的舱内航天服都没必要一直穿在身上。

当载人飞船进入预定轨道，并顺利进入安全平稳的运行阶段，航天员就可以打开航天面罩。等进入空间站后，全套舱内航天服就可以脱掉，换上更加轻便的航天工作服。

第四问

进入空间站要做的第一件事是什么？

载人飞船进入预定轨道后，就踏上了追逐空间站的征途。飞船会与空间站逐渐靠近，再经过一系列“调姿”，最后“牵手”“拥抱”……这一系列的动作叫作“交会对接”。

但是，航天员想要从飞船上进入空间站，也不像在地球上回家进门一样简单。

飞船稳稳地停靠在空间站后，航天员首先要打开飞船返回舱的舱门，来到轨道舱门前。这时候，在飞船轨道舱前端的“主动对接机构”与空间站核心舱的“被动对接机构”之间，形成了一条直径为 80 厘米、长约 1 米的通道——这是航天员进入空间站的必经之路。

这条通道像一个大密封舱，可以简单理解为从飞船进入空间站的“走廊”。

在这条狭窄的走廊里，航天员取出“钥匙”，打开通往核心舱的双重保险门。

直到这个步骤完成，航天员才算真正进入了空间站。

进入空间站后，航天员首先要做的是什么呢？当然是报平安了。这样，地面指挥中心和牵挂着航天员的所有人才能放下心来。

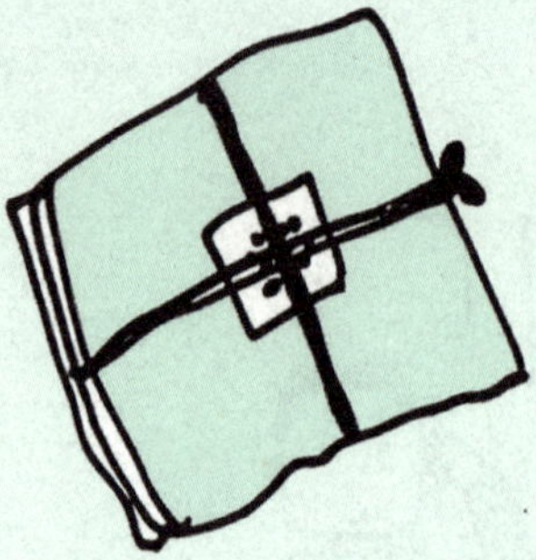

值得一提的是，航天员的“太空衣柜”里有很多服装，除了大家比较熟悉的蓝色系的航天工作服以外，还有专门的实验服、失重防护服、锻炼服、休闲服、节日服。

脱掉舱内航天服，换上方便的航天工作服后，航天员开始进行下一步工作——“取快递”和“拆快递”。

这些“快递”是跟随飞船一起带来的各种物品货包。航天员需要把大大小小的货包从飞船上小心地转移到空间站里，然后进行分类，一一拆包。

空间站和地球不一样，这里几乎没有重力，这种情况被称为失重环境或微重力环境。

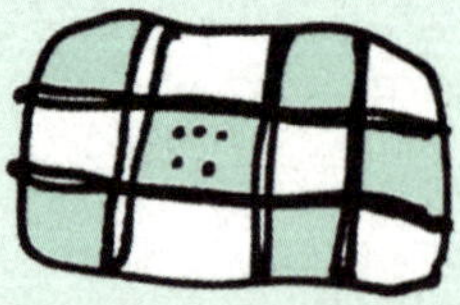

因为没有引力，货包和航天员自己会飘浮起来，“分快递”和“拆快递”都需要花费很大精力。

把飘浮的“快递”拆好，安放它们也需要技巧：私人用品装进柜子，照片贴在墙上，笔记本电脑固定在支架上。

这些货包里还有食品、卫生用品、新增加的实验设备等，每样物品都有自己的专属位置。

把所有东西一一安装摆放完毕后，航天员就可以在空间站里有序地生活和工作了。

天宫空间站在约400千米的高度绕着地球转，转一圈只要1.5小时。也就是说，在空间站中，大约每90分钟就会经历一轮昼夜交替。

为了更好地适应太空环境，航天员会按照“天地同步”的作息规律来安排工作、就餐、健身、娱乐、休息和睡眠的时间。

简单说，就是按照地球时间来计算每一天。

那么，航天员在空间站里具体做些什么呢？接下来的章节中会慢慢展开介绍。

第五问

航天员的袜子和鞋子很特殊吗？

在太空中，航天员大部分时间都是飘浮状态。有人会问，既然不用脚走路，空间站又是恒温，可不可以不穿鞋，也不穿袜子呢？

这个问题很有意思，今天就来讲讲航天员的鞋和袜子。

首先，航天员在空间站中必须穿袜子，不能光脚丫。

因为在地球上，由于重力因素，每天脚底都会与地面进行摩擦，经过长时间的新陈代谢，细胞就会堆积，形成角质层，也就是人们常说的死皮。

航天员从地球来到太空，一下子失去了重力，这些角质不受约束，很快就自动脱落飘浮在空中，那场景实在不敢想象。

所以，穿好袜子是很有必要的。

此外，由于空间站是微重力环境，航天员的身体对温度和湿度的感知与地面有所不同，穿袜子可以增加脚部的舒适感。

但有人又问：袜子穿两天就臭了，太空中的水资源那么珍贵，哪有水洗袜子啊？

说得没错。航天员在空间站中是不洗袜子的。他们穿的衣物如果脏了会统一被当作垃圾处理。

但不用担心浪费，因为袜子变臭的一个重要原因是细菌过多。而太空中的环境很干净，产生细菌的概率很小。

航天员们穿的不是普通袜子，而是由航天科研人员专门研发的袜子。这种棉袜里添加了纳米银离子纤维，具有高效的杀菌除臭能力，连续一周或者更久不换都不会臭。

这么说，航天员在空间站里只要穿着袜子飘来飘去就好了？

理论上是可以的。但中国的航天员在空间站里都是穿着鞋的。毕竟，航天员到太空中是去工作，而不是去度假。

在封闭的空间站中，日常衣物（包括袜子和鞋子）穿戴整齐，可以在一定程度上保持良好的工作状态，帮助航天员更好地执行任务。

而且，长期处于无压力环境，容易对脚部肌肉神经造成伤害，使肌肉退化。如果没有袜子和鞋子给予的一点压力，等回到地球时想要恢复正常走路，就有点困难了。

为了让航天员的脚部既舒服又不过分被束缚，中国的科研团队特地研发了一种特殊软鞋。

这种软鞋以热塑材料、混纺针织材料为主，其特点是柔软、轻便、环保、抗静电、透气、富有弹性，可以保证航天员在失重环境中脚部的舒适和安全。

航天员日常的鞋子不仅舒适，还融入了设计感满满的中国元素。鞋底的镂空设计来源于“九天揽月”的篆书汉字，外面环绕的气孔是对周天“星宿”的模拟。

除了这种蓝黑主色的舱内常用鞋外，针对空间站的不同场所，还有不同类型的专用鞋。

比如，运动时有运动鞋；使用太空自行车锻炼时穿的是车锁鞋；对抗失重环境有特制的“企鹅鞋”；如果温度较低，还有保暖鞋。

一双双不同用途的鞋子，体现的是对这些航天人才的重视与爱护，也是在为航天事业保驾护航。

第六问

这些“固定装置”是做什么的？

太空是微重力环境，如果不加束缚，空间站里的本子、电脑等物品都会飘起来，其中包括航天员。

如果航天员想要从飘浮的状态中停下来，该怎么做？

仔细观察会发现，空间站内四面八方的舱壁上有很多固定装置：有的是横杆，有的是把手，有的类似钉在墙上的“拖鞋”。

各种固定装置遍布在空间站的各个角落，只要能够到的地方，都可以轻易找到。

航天员只要伸手抓住附近的扶手，或者把脚伸进脚蹬里，利用摩擦力和阻力，便可以让身体停止运动。

这些看起来没有什么科技含量的固定装置，其实在太空生活中起到了很大作用。

比如，操作电脑或空间站设备时，固定装置会帮航天员固定双脚，解放双手，方便各种精细操作；航天员需要进行维修、安装或科学研究等任务时，固定装置可以让他们在特定的工作点保持稳定，从而避免因飘浮导致工作效率下降。

除了工作，航天员在太空的生活中也处处离不开固定装置。

就拿常见的吃饭来说，航天员需要把自己固定在特定的位置上，才能准备食物，加热食物。开始用餐前，还要把自己的双脚固定好，身子也固定在座位上，这样更容易打开食品包装，踏踏实实地饱餐一顿。

航天员洗漱、梳头、更换服装、锻炼身体，为地面的学生进行太空授课，都需要“脚踏实地”地站在原地。借助这些固定装置，就可以轻松解决“飘浮”问题了。

使用卫生间的设施也一样，航天员得配合各种固定装置，比如绑带和扶手，先确保自己的身体不飘浮起来，才能顺利完成如厕的全过程。

其实，这样可以让航天员固定在一个位置的装置，不仅在空间站内部有很多，空间站外侧也有。它们的名字叫作“脚限位器”。

航天员经常有舱外活动，比如定期收集飞行器带回来的研究数据，或者对空间站进行维修升级。因为出舱后同样处于失重状态，如果要在指定地点完成任务，就需要把双脚固定在工作地点附近。

和舱内的固定扶手、固定绷带不同的是，舱外的脚限位器是可以移动的。

中国空间站的外部暂时有 4 个脚限位器，它们平时存放在气闸舱和节点舱的出舱口。航天员在出舱时会根据任务的需求来决定把脚限位器安装在哪里。

在空间站的舱体外，早已为脚限位器预留好了安装位置。当航天员需要在舱壁上某个点作业时，先要把脚限位器安装设置好，才能进一步展开工作。

中国的空间站非常大，不是所有地点都预留了脚限位器的安装孔，那怎么办呢？这时候就要借助机械臂来帮忙了。

天宫空间站外面有两个机械臂，天和核心舱机械臂长度约 10.2 米，问天实验舱机械臂长

度约 5 米，两个机械臂既可以各自独立运行，也具备组合起来操作的模式。

所以，每个机械臂的末端，都分别预留了脚限位器的孔洞。

航天员只需要先安装上脚限位器，把自己的双脚固定好，就可以被机械臂托举到任何一个相应位置进行相关操作了。

这样不仅能减少飘浮造成的意外风险，确保舱外任务的安全，还可以让航天员腾出双手，进行更复杂的操作。

对于脚限位器，科学家还有一种设想，那就是将来研发出一款新式的智能脚限位器。智能脚限位器会更加符合人体工程学，在方便使用的同时还可以自动识别和适应航天员的动作需求，自行移动或调节大小，进一步提升航天员在太空中的操作效率和安全。

不论是舱内的各种固定装置，还是舱外的脚限位器，都是为了让航天员“停”下来。这些小小的装置，发挥着巨大的作用。

第七问

航天员在空间站怎么吃东西？

航天员在太空中吃什么？肯定不是用太阳光来烤肉串。

航天员吃的太空食品是指经过特殊工艺加工，专门在太空环境中食用的食品。具体可以分为日常菜单食品、应急供应食品和舱外活动食品三大类。

因为太空环境和地球上的环境不同，太空食品有许多特殊的要求，比如体积小、重量轻、营养丰富、方便进食等。

最早的太空食品就像“牙膏”一样，航天员需要把糊状食物直接挤进嘴里。因为“差评”太多，后来出现了将固体食物压缩成适合嘴巴大小的小方块或小圆球，这种可以一口吃下去的食物被称为“一口吞”。

随着航天事业的发展，太空食品的种类也在不断壮大，慢慢地从十几种发展到了几十种，类型和品种越来越接近地面的食品了。

如果说太空食品的变迁有爆发期，那一定离不开中国航天的助力。毕竟中国是美食大国，在太空食品方面也不例外。

中国航天员中心有“航天食品与营养研究室”，是专门为航天员研制食品的部门。

2003 年，神舟五号飞船载着航天英雄杨利伟首闯太空，在太空飞行的 21 小时里，杨利伟的一日三餐就已经吃上八宝饭、鱼香肉丝、宫保鸡丁，用中草药及滋补品制成的饮品，还有小月饼这些太空美食了。

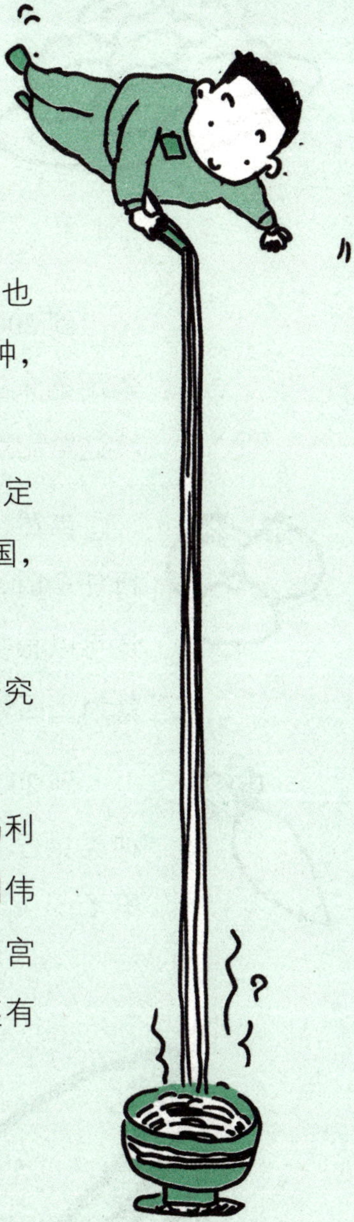

到 2005 年神舟六号飞船执行任务时，航天员可以享用的太空美食增加到了 40 多种，而且饭后还有冰激凌这类甜点。

当然，这并不是太空美食的终点，神舟七号飞船执行任务时，太空食品的数量不仅达到了 80 多种，而且还可以根据个人需求“私人定制”。比如航天营养专家就为山西籍航天员景海鹏定制了老陈醋。

到 2021 年神舟十二号飞船执行任务时，太空食品种类早已不止百种。同时，航天员可以吃到新鲜的水果了。

中国空间站的建设，进一步推动了太空食品的精细化管理。随着核心舱和实验舱的组装完成，中国空间站内的食物供应系统得到了大幅提升。

2024 年 10 月发射的神舟十九号飞船，航天组成员可以选择的太空食品已经达 120 多种。航天员在空间站里不仅能吃到宫保鸡丁盖饭，还能吃到烤鱼香锅呢！

根据中国人饭后喝茶的习惯，科学家还研制了包装简单、饮用方便的茶精饮料。饮用时只需要通过包装袋上的单向阀门，把水注入袋子里，揉捏包装袋，太空茶饮就制作好了。

因为太空的微重力，航天员在空间站中移动身体不是走，而是“飞”。在这样特殊的环境中，吃饭变得很有趣。

一种是让食物飘在空中，人也飘起来，追过去用嘴咬住它。

另一种就像我们平时在地面上吃饭一样，把食物夹起来送到嘴里。这种吃饭方式有技巧，航天员需要把脚固定在地板上，把身体固定在座椅上。

另外，吃饭时端餐盒要轻，动作不能太快，否则饭会从餐盒里飘出去；夹饭菜要准确，夹紧，以免饭菜从筷子上溜走。

夹起饭菜后，要快速张嘴、闭嘴咀嚼，因为就算是放进嘴里的食物，也会不小心“飞”走；还要细嚼慢咽，这样有利于消化，减少体内废气的产生和排泄。

在太空中吃饭时，聊天得小心。毕竟，如果口中的食物碎末飞出去，会飘得到处都是，很难清除，甚至还会导致意想不到的危险。

饭后吃水果也一样，咬进嘴里要咀嚼、吞咽后，再吃第二口。有时候航天员会把大苹果、大鸭梨切成几瓣，这样咬起来更方便。

在太空中，没有重力的约束，水获得了自由，会展现出奇妙的形态，能够在空中自由聚集，形成一个个超级圆润的水珠。

所以在空间站没办法用杯子喝水，因为就算把杯子倒转过去，水也不会流进嘴里。

在太空中，装水的容器是一种密封性超级好的水袋，上面配有吸管和止水夹。航天员需要先含住吸管，松开止水夹，再揉捏水袋，就能喝到水了。喝完水后，还要记得先压紧止水夹，再从口中拿出吸管。这个先后顺序不能乱。

一袋水喝光了，可以通过装水容器一端的注水孔，在特制的太空饮水机上重新装满。

现在知道了吧，航天员想要在太空生活，学会吃饭、喝水是很重要的。

第八问

在空间站里放屁会发生爆炸吗？

随着航天科技的发展，太空食品越来越可口，但是航天员也不能吃得太多。如果吃得太饱，肠胃不好消化，很可能引起排气。

所谓排气，就是大家俗称的“放屁”。

人吃五谷杂粮，偶尔放个屁在所难免。如果肚子里聚集的气体不及时释放出来，会影响健康。但是在空间站里放屁，和地上有一点不同。

众所周知，空间站的环境是封闭的。屁放出来的一瞬间，因为没有重力影响，它们会飘浮和集中在某个位置，导致这个位置在极短的时间内很臭。

这还不仅仅是臭的问题，有人会担心地问：屁中含有氢气和甲烷的成分，空间站又不能开窗散味，那放屁会不会引起空间站的爆炸呢？

这个“有味道”的问题很有趣，现在来分析一下吧。

屁的组成非常复杂，主要是氮气、氢气、二氧化碳、甲烷和氧气的混合物，它们构成了屁的99%。

空间站是密闭环境，但里面有通气系统。一个屁溜出体内后，只会停留片刻，因为强大的通风系统很快就会把这“复杂的异味”排出去。

有人又问：如果空间站的通风系统正巧出现故障怎么办？

其实不必担忧，因为空间站的环境控制与生命保障系统设计得非常精密，几乎不会出现问题。它不仅负责维持舱内的空气质量，还通过多种技术手段去除异味和其他有害气体。

众所周知，甲烷需要达到一定量，才具备爆炸的条件。

就算假设所有“环控”与“生保”设备都出了问题，而这时候全体航天员商量好了一起放屁，也要连续放很多屁，让大量气体同时聚集，正巧又遇上火苗才可能爆炸。

想想看，这种情况理论上是不可能发生的。

虽然没有爆炸的危险，但在空间站这种密闭、狭小的空间中放屁，也是一件令人尴尬的事情。于是，科研人员就在太空食品的选材和制作上下了一番功夫。

经过特殊工艺制作的太空食品，除了要满足健康、营养、能提供给航天员足够的能量外，还有一个特殊的要求，就是可以更好地被身体吸收，尽量减少废气的产生。

喜欢思考者还会好奇，如果航天员在空间站外面执行任务时，不小心放了一个屁，这个屁会不会因为反作用力变成“推进器”，把自己“崩”飞呢？

其实这种问题不会出现，因为舱外航天服相当于一个小型飞行器，它里面的循环过滤系统非常厉害。这股小小的气体溜出体外的同时，力量还没发挥出来就已经被过滤分解掉了。

接下来还会继续为大家分享航天员在太空中更多精彩、有趣、意想不到的生活片段。

第九问

航天员怎么保持个人卫生？

保持个人卫生是个好习惯，就算来到了太空中也是如此。

航天员平常是怎么刷牙的呢？是不是先把牙膏挤在牙刷上，然后用牙刷横着刷、竖着刷，再含一口水“咕噜咕噜”漱漱口，最后把嘴里的泡沫水吐掉？

这个常见的刷牙方法，在空间站里行不通。毕竟这里是微重力环境，吐出来的泡沫水珠会飞得到处都是，那可就糟糕了。

所以作为航天员，他们有以下几种清洁口腔的方法。

一种是嚼特制的太空口香糖，这种口香糖可以帮助航天员保持牙齿清洁。

另一种是用“手指”刷牙。航天员需要在手指上戴一种用无菌纱布做成的指套，沾些特制牙膏，用手指头来清理牙齿。

最后一种是把特制的牙膏直接挤在牙齿上，再含一口水在嘴巴里“咕噜咕噜”地使劲漱口，让牙膏和水充分混合，起到清理口腔和牙齿的作用。

嘴里的牙膏水最后怎么处理？直接喝掉了！没想到吧？

不用大惊小怪，因为航天员使用的是可食用牙膏，这种牙膏水是可以吞咽的。

洗脸、洗手这种地球上日常的个人卫生清洁，在太空中不会用到自来水和毛巾，航天员一般使用的是洗脸巾、消毒湿巾和免洗洗手液等。

刷牙、洗脸还好办，有时航天员在太空“出差”会长达几个月，甚至半年，除了日常清洁，他们怎么洗头呢？

在太空中洗头也需要一定技巧，航天员把这种特殊的洗头方法叫作“揉搓法”。“揉搓法”洗头要借助“辅助工具”——免冲洗头罩。

免冲洗头罩具有弹性收边，可以把头发很好地包裹起来，就算女航天员的长头发也没问题。

洗头时，航天员先拿出第一个含有免洗洗发液的洗头罩，认真包裹好头发，然后均匀揉搓。揉搓完毕后，这个洗头罩就不要了。

再拿来第二个，这次是里面含有水分的洗头罩。包裹好头发后继续揉搓，用水把免洗洗发液稀释开，起到进一步清洁头发和头皮的作用。揉搓完后，这个洗头罩也不要了。

第三次使用的是干洗头罩，包裹好头发后再次揉搓，直到头发变得干爽。所有使用过的洗头罩最后都需要放进分类垃圾中，做统一处理。

所以，在太空中洗头的方法总结起来就是揉搓，揉搓，再揉搓。

看完这章的内容你会发现，在太空中刷牙、洗脸、洗手还相对容易一些，洗头也不是特别难。那如果是洗澡这样的“大工程”怎么办呢？

下面我们就来讲讲在太空中如何洗澡。

第十问

在太空中洗澡是什么体验？

想要洗澡，就不得不说到水。说到水，就必须说一下空间站的水有多珍贵。

空间站里的所有物资都要从地球运输上去。古人说得好，兵马未动，粮草先行。所以，在发射神舟十三号载人飞船之前，天舟三号货运飞船就已经出发了。

货运飞船上装载了很多物资，其中就包括大量的淡水。

这些淡水看起来不少，其实仅够航天员的日常饮用。

粗略算一下，假设每位航天员吃饭、喝水、刷牙、上厕所、做研究等，一天用掉 4.4 升水，空间站里有三位航天员一起工作，并且要在上面待 180 天，那他们一共需要用掉 2376 升水。

空间站的载重是有限的，不可能全部用来装水。所以，像洗澡这么耗水的“大工程”，就成了大问题。

有小朋友会说，水不够了再送啊，反正货运飞船的“肚子”足够大！

虽然货运飞船“肚子”大，“送货”速度也快，但要把物资运往太空的成本非常高昂。

运送 1 千克物资的花费大概是 8 万元，而平时喝的 500 毫升的矿泉水，两瓶差不多就 1 千克了。也就是说，花费 8 万元左右，只能把两瓶矿泉水送上太空，这太不划算了。

这么一说，航天员在太空中就不洗澡了？其实不是。在太空中洗澡有特殊的方法，不同国家和不同时代的洗澡方式也不同。

苏联曾经设计了一个洗澡间，它就像一个折叠淋浴桶。与其说是洗澡间，不如说是桑拿间。在这个洗澡设备中，水被加热成蒸汽，航天员洗澡时需要戴上护目镜和呼吸设备，防止水珠进入眼睛和肺部。

但这种洗澡方式很快就被放弃了。

因为航天员洗澡就像在潜水一样，很不舒服。每次洗澡都需要重新安装设备，洗完后还要给设备消毒，拆卸设备。洗一次澡，前前后后至少要花费 5 小时，实在是太麻烦了。

美国曾在天空实验室中设计过“折叠桶”式的淋浴间，淋浴间外部有一个 2.7 升水的水罐，每次用的洗澡水需要加热 45 分钟。

航天员可以钻进桶里，盖好盖子，然后用喷头喷水。

为了防止水珠乱飞，太空喷头的出水口增加了压力，让水可以直接喷在航天员身上。在淋浴间下面也加了能把水快速抽吸走的装置。

尽管这种设计可以回收洗澡水，经过过滤再利用，但航天员在“桶”里洗澡还是不太舒服。因为加热功率不够，水会越洗越冷，还容易出现故障。几次之后，这套洗澡设备也被束之高阁了。

由此可见，想要在太空中痛痛快快地洗个澡，是有一定难度的。所以，现在的航天员大部分时间采用的洗澡方式还是“擦澡”。

在天宫空间站中，同样有一个“包裹式淋浴间”，航天员可以手持喷枪把水雾喷在身上，然后用毛巾擦拭干净。

还有一种更简单的方法，就是使用湿毛巾擦拭，航天员戏称为“毛巾浴”。这条毛巾中加入了免洗沐浴露，不仅可以完成全身清洁，还免去了用水冲洗的过程。

通过介绍，大家都知道了，太空中的水资源是非常珍贵的。如果在使用的过程中不小心洒了水，航天员会第一时间用毛巾把四处飘荡的水珠吸收回来。

毕竟空间站中有大量的精密仪器，如果因为水珠钻进去造成线路短路，那损失将无法估量。

再说一个小秘密，吸完水后的毛巾不用拧，只要放在一个固定的地方，等它自然晾干就可以。因为蒸发后的水汽会被空间站的系统收集重新循环利用，“变”成使用水。

第十一问

太空生活需要技巧吗？

航天员到太空“出差”会居住在移动的“太空房子”——空间站里。

在空间站生活，除了要节约用水，也要学会很多生活方面的小技巧。只有这样才能成为一个合格的太空达人。

以我们在地球上再简单不过的打嗝为例。猛地喝上几大口碳酸饮料，一般会打一个大嗝；吃饱饭后也会舒服地打一个饱嗝。在这个过程中，胃里的气体会涌上来，从呼吸道快速泄出。

但是在太空中就不一样了，打嗝要讲究方法。

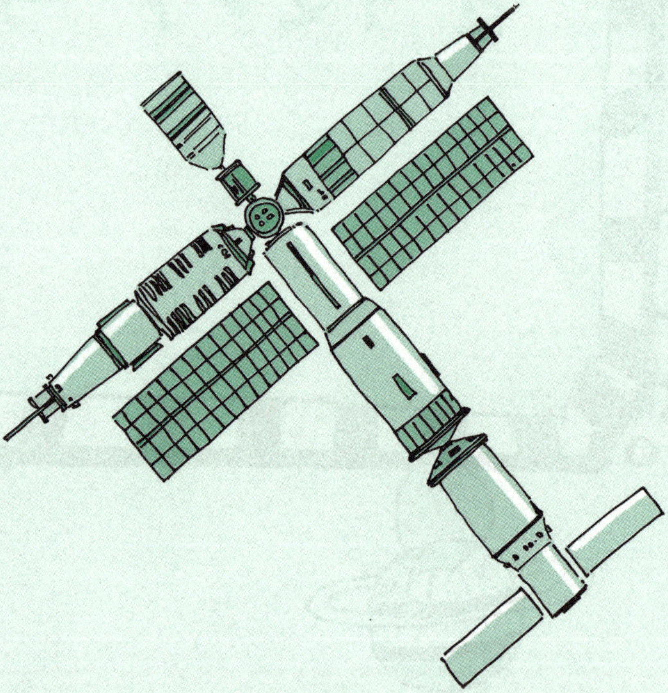

因为太空中是微重力环境，不仅航天员处于飘浮状态，连他们胃里没有消化的食物也和水混合在一起，处于失重的飘浮状态。

打嗝时，胃里的气体就会混合着未消化的食物和水一起喷出去，就像喷泉一样，那场面可以用惨不忍睹来形容。

所以，这也是禁止航天员携带碳酸饮料、啤酒等进入空间站的一个原因。

为了解决打嗝的问题，聪明的航天员想出了一个操作简单的好办法。

当航天员意识到自己要打嗝的时候，用手使劲推一下空间站的墙壁，这样所产生的“惯性力”能够将他们推开。同时，胃里的食物残渣也会快速下沉，这样就能把胃里的气体和液体、固体短暂分离开来。只要抓住机会，就能打出一个舒服的气嗝了。

这种独特的太空打嗝方式被称为“推打嗝”。

除了打嗝需要技巧，航天员在空间站理发也有讲究。

航天员在理发前先要把自己固定好，为了避免剪下的碎头发飘散在半空中，他们使用的是专门的太空理发设备。

太空理发器结合了真空吸尘器的功能，可以一边理发一边把碎头发吸走。

为了解决男航天员刮胡子的问题，科研团队还研制出了一种特殊的刮胡刀和剃须泡沫。

太空刮胡刀的两侧配有黏性保护材料，可以吸附胡须碎屑。特殊黏性的剃须泡沫，可以把胡须碎屑和泡沫紧密结合在一起。它也附带吸尘功能，很好地解决了胡须碎屑到处飞的问题。

你可能想象不到，在太空中还有一件小事，做起来需要小心翼翼，就是剪脚指甲。

因为人在飘浮的状态下，想要把脚收回来很不容易。再加上剪下的指甲会迸溅开来，到处乱飞，一不小心，小事就会变成大事。

于是，航天员在修剪指甲的时候会先找到一个空气循环口，在这里用指甲钳剪下的指甲会被循环口的风直接吸走。修剪完毕后，再清理一下空气滤网就可以了。

所以，想要在太空中生活，特殊的生活技巧不能少。

第十二问

如何在太空中睡个好觉？

航天员在太空中工作，一定要保证充足的睡眠，这样才能更好地完成任务。

在地球上，由于重力的作用，人们可以躺着睡、趴着睡、坐着睡。那在太空中要怎么睡觉呢？

天宫空间站内的睡眠区分布在天和核心舱和问天实验舱中，每个舱内设有多个睡眠区，支持多人同时休息。

天和核心舱的睡眠区为横向设置，航天员可以“躺”着睡觉；问天实验舱的睡眠区为纵向设置，睡袋挂在舱壁上，航天员可以“站”着睡觉。需要说明的是，太空中没有上下之分，“躺”着和“站”着的感觉基本上差不多。有时候，航天员放松的时候身体会弯曲得像一张弓，用这种姿势睡觉也很舒服。

不过，因为空间站的重力仅为地球表面重力的千分之一，这种微弱的重力会让人基本感受不到自己身体的存在。所以，不管是站着、躺着、趴着或者头朝下倒立着睡觉，感觉都一样。

但不论选择哪种方式，航天员睡觉时都需要用睡袋把自己固定起来，以防睡着后到处乱飘。

在微重力环境中睡觉，缺乏一种“依靠”的感觉。如果航天员因为“找不到身体”而失眠的话，会把睡袋绑得更紧一些，来制造一定的压力，这样就可以安然入睡啦。

据调查，有 70% 的航天员曾出现过太空失眠状况。

狭小的机舱，繁忙的工作，进入太空的兴奋，频繁的日出日落，空间站里的噪声，这些都会对航天员的睡眠造成影响。

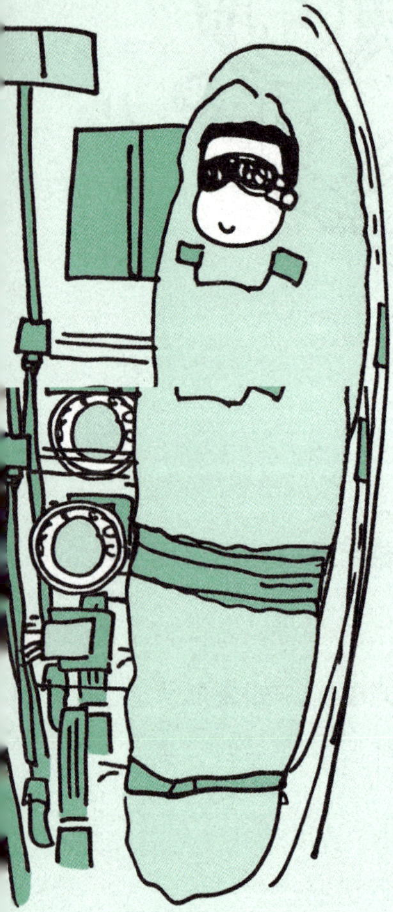

早期国外的宇航员在应对失眠时会服用安眠药。虽然这种方法非常有效，但是不良反应很多。

中国的航天专家为了提升航天员在空间站内的睡眠质量，精心设计了舒适的睡眠环境。

相对独立的“私人休眠舱”不仅减少了被打扰的可能性，还确保航天员可以在相对私密的环境中休息。

每个睡眠舱都有一个小小的舷窗，航天员可以在睡觉前欣赏一下太空中的美景。同时，蓝牙（骨传导）耳机里还会提供轻柔的音乐，这些都是为了让航天员放松心情，更好地进入梦乡。

在地球时，昼夜作息规律是 24 小时。在 24 小时的时间里，人们的身体、精神、行为会发生特定的变化，从而感受到清醒或困倦，这种现象被称为生物钟。

阳光是影响生物钟的关键要素之一。

为了让航天员睡得安稳，睡眠舱可以通过应用软件调节灯光。它会模拟黄昏的光线，也会模拟清晨的天光，从而帮助航天员感受到地球的日夜变化，有助于调整生物钟和改善睡眠质量。

当然，除了这些，还有遮光眼罩和抵挡噪声耳塞供选用。要知道，虽然空间站里强噪声的设备安装已经尽量远离休息区，但还是不可能达到一点声音都没有。

同时，睡眠区安装了一些高科技产品，可以跟踪航天员的睡眠质量，为航天员做好睡眠监测，及时帮助他们调整灯光、氧气含量、温度等。

但是，每组三名航天员不会同时休息，每次总会留下一个人值班。

总之，在太空中想要睡个好觉，离不开方方面面的支持。有了航天技术的不断发展，航天员就可以更安心地在太空中完成一个又一个任务了。

第十三问

怎么使用“太空抽气马桶”？

能够搭乘飞船进入太空，是一件非常了不起的事情，所以人们喜欢称航天员为“航天英雄”。

可就算是英雄，也要面临上厕所这个问题。

最早的航天员在执行任务时没有厕所可用，只能穿着尿不湿进入太空。“小问题”还好解决，那遇到“大问题”怎么办？

后来，终于有了太空厕所，它是安置在空间站里的专用马桶。

传统的太空马桶配备了两个漏斗形状的收集器，小便和大便需要分开解决。航天员如厕时对准相对应的漏斗，漏斗下方连接着管子，排泄物会被吸走，进行收集处理。

这类马桶的设计原理类似于吸尘器，简单说，就是在地球上使用的是抽水马桶，太空中使用的则是抽气马桶。

早期，航天员想要使用太空马桶，先要把自己“五花大绑”起来，看起来有点尴尬。为了让航天员上厕所的舒适度高一点，太空马桶经历了长时间的“进化”。

现在的太空马桶和地球上的马桶差不多，只是它的开口要小一些，这样可以确保马桶圈紧密地贴合在屁股上。

新型太空马桶使用起来很方便，不仅有固定身体的脚蹬，两侧还设计了扶手。最重要的是，它可以接受大小便同时进行。

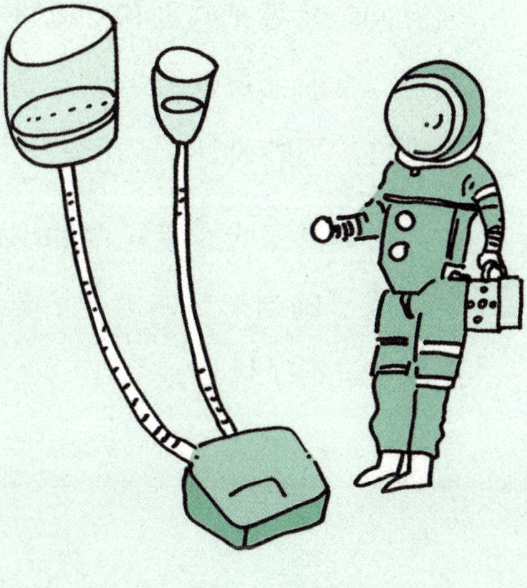

天宫空间站现在使用的太空马桶有风扇抽吸系统，它能够产生强大的吸力，将排泄物吸入马桶，并且进行自动干湿分离。

值得一提的是，考虑到现阶段女航天员的数量越来越多，天宫空间站特意把男厕和女厕进行了区分，女用卫生间的隔音效果更好。女航天员使用的太空马桶构造也略有不同，添加了更多适合女性的巧妙设计。

比如真空吸尿装置中的小便漏斗，根据女航天员的生理结构设计成了椭圆形，能够更好地收集尿液。坐便器的倾斜度更大，高度也进行了优化。

太空马桶的废物储藏也有讲究。

固体废物会被存储在铝容器袋子中。容纳排泄物的垃圾袋封口处有一层橡皮，可以把口扎得非常紧，不仅有效防止了废物泄漏，连气味也别想溜出来。杀毒压缩后，它们会被放在返回舱外部，等飞船返回地球时，大气层摩擦产生的高温会让它们瞬间烧毁，不会造成任何污染。

液体废物被存储于容器中进行一系列复杂的过滤，重复使用。

看到这里有人也许会很惊讶，难道尿液还能重复使用？没错！经过特殊处理后，它可以用于空间站的清洁，也可以饮用。

不用担心，天宫空间站上使用的过滤系统非常强大，用它过滤出来的水，比市场上大多数的矿泉水还干净卫生。

使用这种循环水，只要克服心理上的障碍就没问题了。

可以看出，从最初的尿不湿，到后来考虑到女航天员的各种贴心设计，太空马桶在不断地进步和更新。

现在，航天科学家还在致力于研发拥有“人造重力”的太空马桶，也许不久的将来，航天员在太空中如厕就和在地球上一样方便了。

第十四问

航天员在太空做什么工作？

航天员驻留在空间站期间都做什么？总不会每天飘来飘去，就为了拍一些宇宙中的景色吧？

没错，拍照真是航天员的一项重要工作。不过除了收集影像数据，航天员的工作还有很多。

首先，航天员在空间站期间要进行提前规划好的科学实验。

拿神舟十九号航天员乘组来说，他们在飞行期间重点围绕的是“太空格物”主题，陆续开展空间生命科学、微重力基础物理、空间材料科学、航天医学、航天新技术领域等 86 项空间科学研究与技术实验。

这些实验在基础理论前沿研究、新材料制备、空间辐射与失重生理效应机制等方面取得的科学成果，会为地球上的科学研究提供新的视角和数据支持。

航天员每天还有一项重要工作，就是对空间站的各种设备进行监测和维修。

比如检查各种设备与空间站的供电连接，维护环境控制与生命保障系统，通过总有机碳测试、舱内热环境监测等手段，获取空间站舱内的环境监测数据。

只有认真监测和管理这些仪器设备，才能保证空间站的正常运行，方便地面科研人员作出评估，也保障航天员自己的在轨安全。

除了日常检查、维护和实验工作外，如果有新的空间站舱室或者设备需要加装，航天员立马就会变身“搬运工”和“安装工”。

当年神舟十五号的航天员，最重要的工作就是完成了问天实验舱CMG（控制力矩陀螺）设备在轨组装、梦天实验舱两相实验柜解锁安装、燃料科学实验柜插件安装、高温材料科学实验柜解锁安装等设备设施组装工作。

对于航天员来说，这是很有成就感的工作。

2024 年 11 月，天舟八号货运飞船运送了 247 件货物到空间站，这些物资差不多有 6 吨重。其中，保障神舟十九号和未来神舟二十号两组航天员日常生活的必需品占一小部分，剩下大部分是空间站需要安装的设备。

新任务一到，神舟十九号的三位航天员马上行动起来。

他们齐心协力将货运飞船中的物资搬运进空间站，分门别类地摆放，把设备安装到指定位置，再逐一调试。

航天员除了在空间站内部执行任务，还要在外部执行任务。

2024 年 12 月，神舟十九号航天员蔡旭哲、宋令东顺利出舱后，与舱内的航天员王浩泽相互配合，在中国空间站机械臂和地面科研人员支持下，在 9 小时内完成了空间站“空间碎片防护装置”的安装、舱外设备设施巡检以及处置等任务。

这次长达 9 个多小时的出舱活动，刷新了中国航天员单次出舱时长的纪录。

不仅如此，神舟十九号航天员的出舱任务还突破了航天服只能使用 8 小时的限制。截至目前，9 小时 6 分钟的出舱活动创造了世界航天史上单次出舱的最长纪录。

现在你不会再认为航天员的工作就只有拍摄“太空照”那么简单了吧。

当然，除了完成每天正常的工作外，定期开展在轨训练项目对于航天员来说也很重要。

航天员会定期进行突发情况的紧急撤离、快速穿着航天服、模拟空间站失火的特殊处理、交会对接操作、机械臂操作等各项训练内容。

有趣的是，在轨期间，航天员还会互相体检，比如检查眼底和口腔。

如果看到航天员罕见地脱掉鞋袜，把脚伸进一个机器中做“太空足浴”，不要太惊讶，因为那是在用特制的测试机进行骨密度测试呢。毕竟，身体健康才能更好地工作。

当然，航天员在空间站也不是时刻都要工作，他们和地面一样，也是8小时工作制。

那么工作之余，航天员都有什么休闲娱乐活动呢？看完下一问就知道了。

第十五问

太空生活会不会枯燥？

要知道，太空环境中的失重、噪声、振动、空间狭小限制等问题，很可能对航天员的心理和生理造成影响。娱乐活动可以调整身心，让航天员保持良好的工作状态。

有人提出这样的疑问：空间站的面积不大，还不能随便“出门”，就算有休息的时间，航天员会不会很无聊，无事可做呢？

其实并不是那样，空间站中有各种各样的休闲娱乐方式，比如看书、写日记、下棋、写书法或者打太极拳，等等。航天员们可以根据自己的喜好去选择。

在各种活动中，有一个非常受欢迎的休闲方式，就是摄影。

天宫空间站有很多透明的舷窗，用以监视航天器外部状态和航天器机械操作的情况。同时，也是航天员在 400 千米的高空俯瞰整个地球，欣赏和拍摄宇宙美景的最佳角度。

大家看到的那些令人震撼的“宇宙大片”，有些就是出自航天员之手。

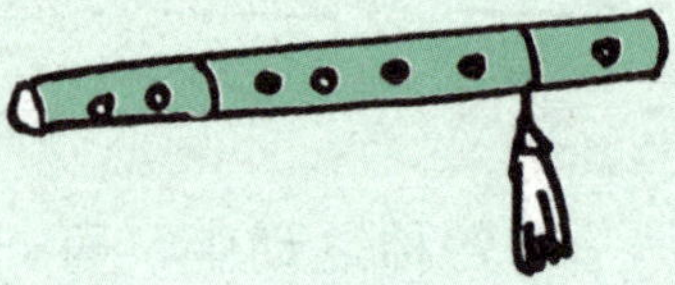

在太空中欣赏音乐，可以让航天员们放松心情。

中国的航天员在飞天之前，一般会把自己喜欢的音乐放在个人物品资料中。在轨飞行期间，地面还可以通过空天地互联网为他们更新音乐。

此外，航天员平时在紧张的工作中经常会使用左脑，而乐器演奏可以减轻左脑的负担，预防因过度用脑导致的身心疾病。所以，演奏乐器也是航天员的休闲娱乐项目之一。

中国航天员曾经把口琴、笛子等乐器带上太空，并进行了“太空演奏”。

在神舟十三号的飞行任务期间，航天员王亚平还携带了古筝。她在空间站中用这种独具中国特色的乐器演奏了一曲《茉莉花》，让所有人都感受到了东方音乐的魅力。

当然，在太空中演奏乐器也不是一件容易的事情。在微重力的环境中，不管是吹奏还是弹奏，都有强大的反作用力进行干扰。

所以，太空乐器要进行一定程度的“升级改造”，在演奏的时候，航天员还要把自己和乐器都固定起来，这样才能完成一场美妙的“音乐会”。

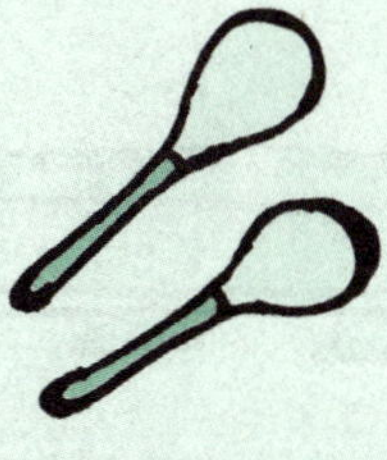

遇到一些特定的节日，航天员还会进行一些特殊的娱乐项目。比如在空间站中写书法，或者是进行有趣的运动。

2024年8月8日，是北京奥运会开幕16周年的日子，也是中国的第16个全民健身日。这天，神舟十八号的三位乘组人员就在天宫空间站中举办了首届“天宫趣味运动会”。

这三位航天员一会儿打乒乓球，一会儿在半空中比赛“游泳”，航天员叶光富还把其他两位航天员像举重一样轻而易举地举过头顶。

可别小瞧这些运动，在空间站中，锻炼身体是每位航天员必须做的“娱乐”项目。

要知道，人在长期失重的状态下，血液会重新分布，肌肉会缓慢萎缩，骨质会偷偷流失。在太空中锻炼，一方面可以放松身心，另一方面就是要让航天员的肌肉重新紧张起来。

除了太空器械运动外，航天员还有各种花式健身法，比如抱膝旋转、悬空打坐翻滚等。这些运动既是娱乐，也是航天员每天的“必修课”。

如果赶上盛会，航天员会在闲暇的时候观看电视直播。

不过，这种娱乐成为现实并不容易。毕竟，空间站飞行的速度非常快，想要网络连接顺畅，需要强大的中继卫星支持。

我国的中继卫星网络有一个酷炫的名字——天链。有了它，航天员可以在空间站用“私密语音通道”和家人说悄悄话；可以给地球上的小朋友进行太空课堂的讲座；还可以用虚拟现实技术帮助航天员舒缓心情。

瞧，这就是丰富多彩的太空生活。现在不用担心航天员在空间站里会无聊了吧？

第十六问

空间站需要大扫除吗？

空间站就像航天员居住的移动房屋，想要在里面生活得舒适，打扫卫生必不可少。

但太空处于失重状态，“大扫除”不像在地球上那么简单。

比如擦拭物品时，在地球上最常见的抹布，在空间站会不听使唤地飘来飘去，一不小心还可能飞走。所以，航天员通常使用消毒湿巾对扶手、按钮、面板这些经常会触碰的物品进行杀菌、清洁。

想要给空间站擦玻璃，仅有消毒湿巾还不够。一些可以固定在手上的清洁工具就派上用场了。

在太空中擦玻璃，使用的是类似“软毛刷”的工具。航天员用它慢慢地在窗户表面移动，把灰尘等脏东西轻轻刷掉。因为没办法用水，还需要配合使用一种特制的清洁液。这种清洁液不仅挥发得快，不留水痕，还能够把窗户上的污渍溶解掉。

最后，航天员再把溶解后的污渍擦掉。这样空间站的窗户就干净、明亮了。

空间站中的空气净化系统很强大，可以处理掉空气中大部分有害物质。可是，一些边边角角和隐蔽的地方，还会藏匿一些灰尘、皮屑等。这时就需要“太空吸尘器”大显神威了。

空间站的吸尘器是专门为航天员在太空环境下进行日常清洁而设计的。和地球上的吸尘器相比，最大的不同是它不需要依靠重力。

“太空吸尘器”不像地球上的吸尘器那样使用机械滚轮，而是使用一种类似于发射器的设备，将灰尘吸入容器中。而且，它还具备更强续航能力、更强吸力的特点。

中国的航天员翟志刚和叶光富就曾在在轨期间，对天和核心舱的一处积灰设备进行过“大扫除”。翟志刚从核心舱舱体拆下设备后，两人配合，用吸尘器对这套设备进行了彻底除尘工作。

除了这些“大扫除”，空间站日常的卫生清洁和垃圾处理，也是必不可少的。

航天员在太空“出差”，一去就是几个月，在这么长的时间中，不可避免会制造很多生活垃圾。那么，这些垃圾该怎么处理呢？

在天宫空间站中，面对不同的垃圾有不同的处理方法。

液体类的垃圾会采用净化、循环利用的方式处理。毕竟，水在空间站里是稀缺资源。

像食物残渣、餐巾纸、食品袋和脏衣服等这类固态垃圾，一般需要先分类放入不同的垃圾袋，然后进行压缩；排泄类垃圾需要放入密封袋进行脱水、压缩。

空间站有一个黑科技——垃圾压缩机，它可以压缩处理各种装有垃圾的垃圾袋，以减少垃圾存储的体积。

垃圾被分类压缩好后，被放入天舟货运飞船外部的真空储柜箱中，等它返回地球时，垃圾就被带入大气层统一销毁了。

有人可能会问，宇宙这么大，这些垃圾为什么不直接扔到太空里？

其实，看着不起眼的垃圾，积攒起来数量可不小。在太空的失重环境中，沉重的“垃圾包”如果没有加速的作用，是没办法扔很远的。而如果垃圾扔得不够远，它们很可能飘回来撞到航天器。

人类在探索太空初期，确实把垃圾扔进了太空，包括废弃的卫星、宇宙飞船的零件、损坏的航天手套……后来人们才意识到，这些太空垃圾随便飘浮、碰撞，对各种航天器的正常运行造成了威胁。

于是，国际航天组织对太空垃圾的处理进行了明确的规定。从那以后，人类再也不在太空中随便丢垃圾了。

现在你知道了吧，居住在空间站的航天员要定期打扫卫生，生活垃圾必须分类处理，真正做到了讲究“室内”卫生，爱护“室外”环境。

第十七问

在太空中真的会长高吗？

在人类的航天史上，曾经做过这样一个实验。

美国宇航员斯科特·凯利（Scott Kelly）有一个双胞胎兄弟，这兄弟俩几乎拥有相同的基因组。于是，研究人员在凯利执行太空任务之前、过程中和回到地球之后，分别对这对双胞胎兄弟进行了血液和其他生物样本的采集。

勇敢的宇航员斯科特·凯利在国际空间站持续工作 340 天后，于 2016 年 3 月返回地球，还带回了很多珍贵的研究数据。

经过对双胞胎兄弟的对比研究，其中最让人惊讶的是，凯利竟然比原本身高相同的孪生兄弟高出了 5 厘米。

对于航天员为什么会在太空中长高，人们有各种奇妙的猜想。有人甚至想通过“上太空”来实现长高的愿望。

凯利本人当时非常开心，但这种开心并没有持续太久。因为在返回地面的几天之后，他多出来的5厘米身高就“不翼而飞”了。

后来，科研人员经过研究分析得出了结论：这种在太空中出现的“长高”现象，其实是一种假象。

航天员在进入太空之后，身体会出现各种各样的变化。比如，会变“胖”。你不信可以观察一下，刚进入空间站的航天员和出发前相比，脸都圆圆胖胖的，看起来好像肿了一样。

这种情况被称为“月球脸”。这是因为太空中缺乏重力，身体内的大量血液涌入头部，从而引起头部血压增大的结果。

不过，航天员适应了微重力环境后，“月球脸”就会消失。

另一个比较明显的身体变化，就是身高。

人类在地球上因为受地球引力的作用，脊柱会被压缩，骨骼间隙也会减小。

可太空属于微重力环境，在这种情况下，脊柱不再受到重力挤压，椎间盘和脊椎周围的肌腱、韧带处于放松状态，骨骼间隙也随之增大。所以，航天员自然而然就“长高”了。

航天员的身高增加，其实并不是好事。在返回地球后，他们的身高会因为重力恢复原状，而脊椎在恢复的过程中可能会出现疼痛等症状。

数据显示，执行过长期太空任务的航天员，在一年后患椎间盘突出的概率比正常人高 4 倍。想想看，航天员的身高变化其实很让人心疼。

通过对比凯利兄弟的身体状况，科学家希望进一步了解太空生活对人体的影响。

虽然宇航员斯科特·凯利从空间站回来后，身上出现的变化在之后的 6 个月基本上都恢复了；虽然只有两个人的数据，并不能够得出严谨的结论，但人们仍旧要感谢他们为航天事业作出的贡献。

同时，人们也知道了，想靠“上太空”长个子的方法不可行。真正想要长成大个子，还是从小要饮食均衡、生活规律，多运动。

第十八问

为什么必须在太空中坚持锻炼？

前文说过，航天员在进入太空后，身体会出现各种变化。

空间站里的环境是微重力环境，既没有重力所提供的支撑和压力，也没有地面上行走时的震动，这就使得航天员的骨骼没有在地球上存在的负荷。

与此同时，由于人体的新陈代谢还在持续进行，钙离子就会不断流失，导致骨量减少。

为了应对这些问题，航天员需要在太空中进行各种锻炼才能保证身体健康。

那么，在太空中怎么锻炼呢？

来看看太空锻炼的三大设备：太空自行车、抗阻锻炼装置、太空跑台。除此之外，还有三小设备：拉力器、手部锻炼器、呼吸机锻炼器。另外还有“三服”：企鹅服、套袋和梯度加压裤。

这些都是为了保证航天员太空锻炼效果的装备。

空间站里的运动设备和地面上的不太一样。因为在微重力环境下，平时在地球上熟悉的运动项目没办法完成，所以科研人员制造了很多适合在太空中使用的健身器材。

比如大名鼎鼎的太空跑台，它被认为是长期太空飞行中最有效的锻炼装备，受到航天员的青睐。

太空跑台类似地面上的跑步机，不同的是，它有两根弹力束缚带。航天员得先固定好自己，别让自己飘走，这样才能顺利跑起来。

在太空跑台上进行锻炼可以对骨骼施压，帮助骨组织重建，减缓肌肉萎缩，同时促进神经肌肉功能和运动协调性。

美国女宇航员苏妮塔·威廉姆斯（Sunita Williams）曾借助太空跑台在国际空间站“云参加”了 2007 年波士

顿马拉松，成绩约为 4 小时 23 分，成为太空马拉松第一人。

接下来认识一下太空自行车，它的正式名称叫作“太空自行车功量计”。

用它锻炼可以防止心肺功能和呼吸功能降低、骨骼肌肉质量下降，改善血液循环等。同时它还能记录多项生理指标，为地面科学家评估航天员的健康状况提供依据。

太空自行车和地面上的动感单车差不多，通过不同挡位调节来增减运动强度。但如果仔细观察你会发现，太空自行车没有座椅。航天员是把双脚固定在踏板上，双手扶着车把站着“骑车”。

有趣的是，在失重环境下，航天员还可以倒转身体，用双手握住踏板，用它锻炼上肢力量。中国的航天员王亚平就曾经在“天宫课堂”中表演过倒立手摇自行车的“太空特技”。

“微重力抗阻锻炼装置”类似于地面健身房中的划船机，航天员可以借助它进行划船、深蹲、硬拉等基本体能锻炼动作。它主要用于航天员肌肉力量的锻炼。

这个锻炼器械不需要重力，它的阻力源来自可自由选择配重的飞轮。飞轮旋转时产生的惯性，为航天员锻炼时增加负荷，可以帮助航天员抵抗失重性肌肉萎缩和骨质流失的问题。

有人说，航天员的锻炼是“天地配合”，意思是航天员在太空锻炼的过程中，地面上的医疗工作者也没闲着。他们会随时监控航天员的身体指标变化，如果发现不正常的波动，医疗工作者就会及时修改和适当调整航天员的锻炼内容和强度。

这所有的运动装备和贴心的远程监测，都是为了保证航天员在轨期间的身心健康。

所以，航天员每天至少要保证 1 ～ 2 小时的运动量，这不光是良好的生活习惯，也是他们必须做的工作。

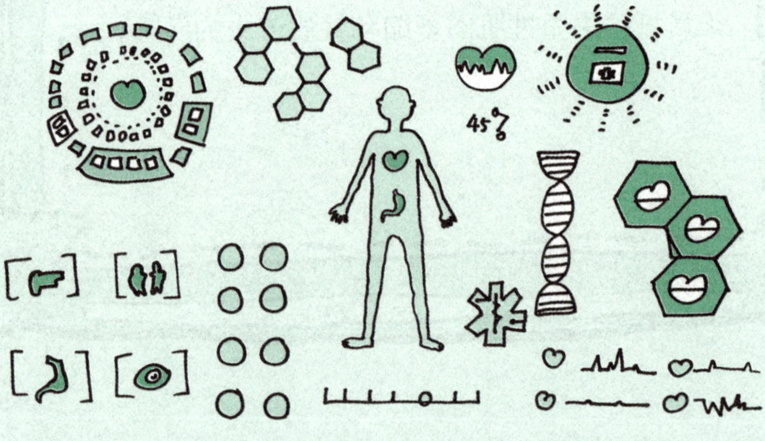

第十九问

太空授课讲了什么？

探索宇宙到底有什么意义？为什么要在太空中进行研究和实验？

为了让更多小朋友认识太空，了解航天科技的神奇和力量，从 2021 年开始，中国航天员就在天宫空间站中通过视频直播的形式，开展了一系列“天宫课堂”的活动。

在太空中，简单的转身涉及了物理学上的“角动量守恒”原则；一个“T”字形扳手扔出去，可以自己头朝上，头朝下，反反复复地翻跟头；在悬浮的水球中，能够看到航天员倒立的影像。

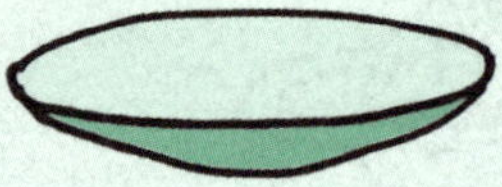

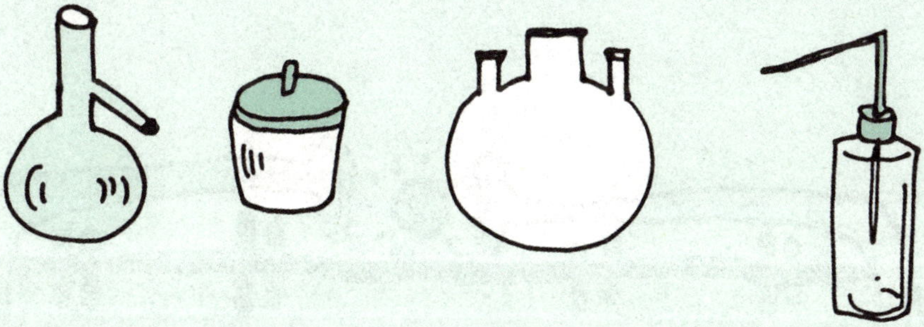

航天员会准备一些简单有趣的太空实验，通过“天宫课堂”让地面的小伙伴了解太空环境和地球环境的不同。

比如，航天员刘洋在太空中为大家展示了用 2 米长的吸管喝水的“绝技”，她轻轻一吸，就喝到了水袋中的水。

原来，地球上因为重力的作用，吸管越长，吮吸就越费力。但空间站的重力几乎为零，所以不管吸管多长，航天员都可以轻轻松松吸到水。

在太空中，液体的张力有多大？为此，航天员王亚平带来了一堂精彩的水膜实验课。

水的张力是指水分子之间的相互作用力。比如荷叶上圆滚滚的小水珠，就是因为水的张力让水分子聚集在了一起。

那么在微重力作用下，水的张力还存在吗？

为了让大家看得更清楚，王亚平先是制作了一层水膜，它就像一片薄薄的圆形塑料片。接着，她把吸管中的水缓缓注入飘浮的水膜中，薄薄的水膜变“厚”了，看起来像个凹凸镜。

这就初步证明了，在太空中水是有张力的。

随后，王亚平又把自己和女儿在地球上一起制作的花朵折纸，小心翼翼地放进这个“厚”水膜中。

很快，纸折的花朵吸收了水分子，在水膜中缓缓“绽放”。当美丽的花朵在空间站盛开的一瞬间，地球上观看“天宫课堂”现场直播的孩子们不由自主鼓起了掌。

接着，王亚平继续在水膜里注水，让水膜变成一个水球。不管是水膜还是水球，它们都没有分崩离析。这就进一步证明了，在太空中水的张力非常大。

后来，航天员还用这个“水球”进行了一场空间站“乒乓球友谊赛”。

当航天员使用普通球拍击打时，“水球”没有破裂，而是牢牢粘在了球拍上；使用毛巾制作的球拍击打时，水球竟然也没有被毛巾吸收，而是弹开了。

有趣的是，这堂“天宫课堂”下课后，“水乒乓球”还被一口吞掉了。

当然，“天宫课堂”不光有水的实验，还有火的实验。

2023 年，神舟十六号乘组的航天员在梦天舱的燃烧科学实验柜里进行了首次太空点火实验。

这次点火实验所用的燃料是甲烷，也就是天然气的主要组成部分。先后两次点火，一共持续了约 30 秒。这 30 秒就像一场精彩的魔术表演。

高速相机记录了太空点火的每一个细节，地面的同学可以通过直播清晰地看到太空火焰的神奇魅力。

它不再是“圆屁股，尖头发”的形状，也没有来回摆动。因为没有浮力和空气对流的影响，太空火焰更接近球形，而且安安静静。

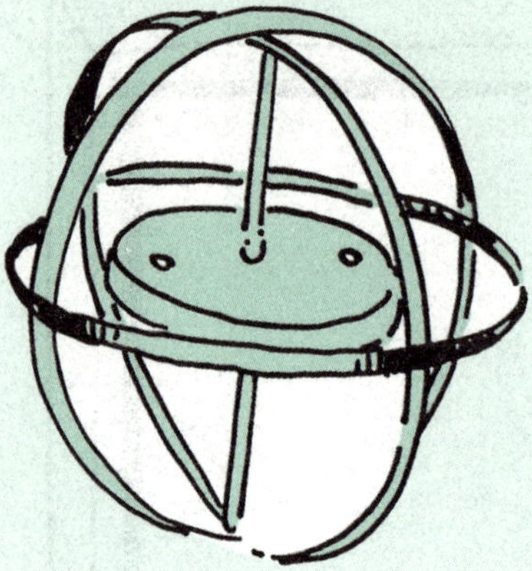

截至目前，中国航天员已经在天宫空间站为全国小伙伴进行了多次“天宫课堂”的授课。

其中包括太空“冰雪”实验、浮力消失实验、水球光学实验、泡腾片实验、液桥演示实验、毛细效应实验，以及“在自转的陀螺改变方向时能带动航天员一起转吗？”等多个实验。

大家惊喜地看到了空间站中会掉头的扳手、会开花的水膜……航天员用一个个太空实验连接了天地，用知识的光芒照亮了孩子们的航天梦！

这也许就是“天宫课堂”的意义所在吧！

第二十问

航天员一天能看到16次日出吗？

有没有看过著名的《小王子》？

书中的小王子曾坐在某一个星球上说：“你知道吗，人在难过的时候就会爱上日落。那天，我看见了四十四次日落！”

那么，在太空中短时间内真的能看到四十四次日落和日出吗？下面用数学的形式给大家分析一下吧。

已知中国的天宫空间站处于近地轨道，它绕着地球飞一圈大概是90分钟，而一天有24小时，24小时就是1440分钟。

用1440分钟除以90分钟，很容易就算出：空间站在24小时之内会绕着地球转大概16圈。空间站每转一圈，航天员就能看到一次日升日落。

所以，航天员在天宫空间站里一天可以看到16次日出日落。

但这并不是说只要在太空中，每天就能看到16次日出日落。看日出的次数，取决于航天器所处的轨道等因素。

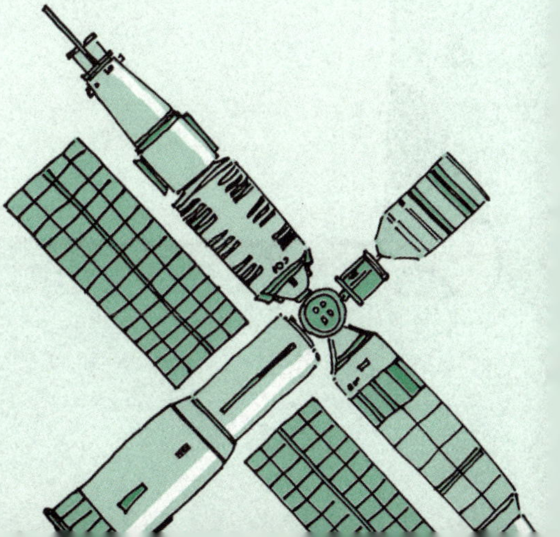

如果在更低的太空轨道，也许一天会看到二十几次日出，或者像小王子一样，看到四十四次日落。

在更高的太空轨道，有些卫星在太空中，但它们和地球在同步轨道上，相对于地球是静止的，轨道周期也和地球的自转差不多，都是24小时。所以小王子如果坐在这样的卫星上，那他一天只能看到一次日出日落了。

在太空中看日出，是一种非常奇妙的体验。

因为没有大气层，也没有云层，太空日出不会出现霞光万道的效果。因为太空中的背景是完全的黑色，航天员会看到一个光芒万丈的“大火球”一下子跳出来，整个日出的过程非常“干脆”。

在空间站看日出日落会觉得很新奇，也很浪漫。毕竟，美丽的日出会给人蓬勃向上的感觉，而日落又能让人体验到平静和安宁。

但这份浪漫会带给航天员许多苦恼。毕竟，人类在地球上生存了数百万年，已经养成了日出而作、日落而息的作息习惯。

别说去太空了，就是从东半球飞到西半球都需要通过倒时差来适应和调整自己的生物钟。空间站里这样一会儿天亮、一会儿天黑的时间更替，会让航天员的时间感变得混乱，造成作息紊乱。长期作息紊乱可能导致他们睡眠不足，影响健康，降低工作效率。

所以，航天员需要经过特殊训练，尽量“无视”外面的光线变化。

早上，地面指挥中心的工作人员上班，航天员也起床工作；中午，太空的航天员和地面工作人员一起按时吃饭休息；晚上，地面工作人员下班回家，航天员也结束一天的工作，可以休息放松，做点自己想做的事情。

等到地面工作人员要睡觉了，空间站里的航天员也钻进睡袋，熄灯休息。

这种“天地同步”的作息时间能够让航天员更好地适应太空生活。

第二十一问

空间站失火谁来救？

地球上的火灾是什么样的？

看到这个问题，我们就会想到张牙舞爪的熊熊烈火和滚滚浓烟，距离很远都能感受到扑面而来的热浪！在地球上，一旦发现火情，遇到火灾，一定要赶快拨打火警电话，专业的消防员会在第一时间赶到现场。

但是，如果火灾发生在太空中呢？

万一空间站遭遇了火情，再英勇的消防员都无能为力，灭火的任务只能由航天员来完成了。

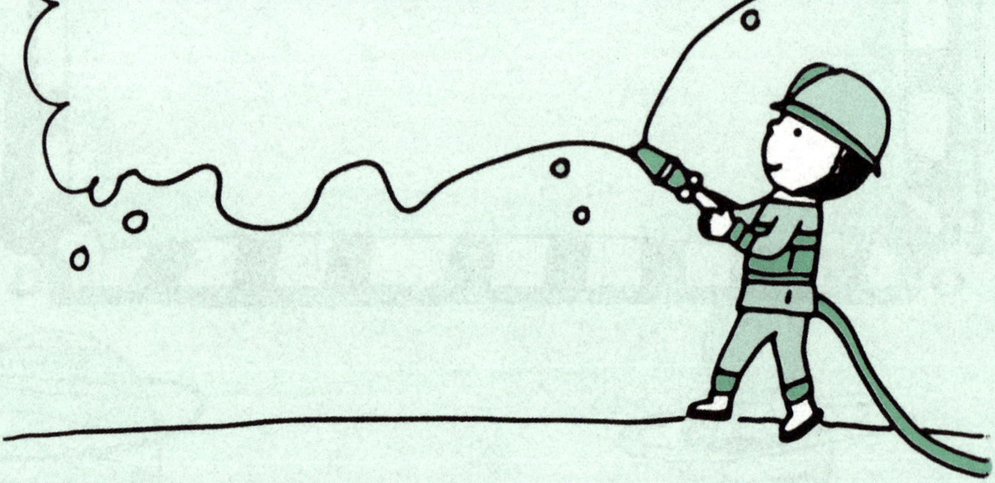

空间站里的火焰一般没那么“张扬”，往往都是以“阴燃”的形式出现。

阴燃，简单说就是很小的蓝色火星“趴”在一个地方悄悄燃烧。它燃烧得很缓慢，微弱的火星从中心点向外一圈圈地“侵蚀”，整个过程悄无声息，不易察觉。只有等烟雾产生了，才会暴露它的存在。所以，“阴燃”是一种很危险的火情。

为了及时发现它们，空间站配备了极其灵敏的烟雾探测器，一旦检查到火情，系统就会马上发出警报，以便航天员及时应对。

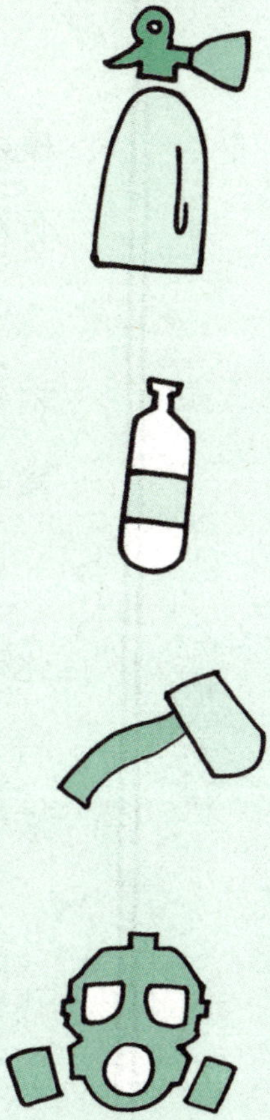

当火情不强烈时，航天员会选择将“灭火毯”覆盖在火源上，把火焰与空气隔绝开，这是最快速有效的灭火方法。

假设遇到猛烈的火情，“火球”到处乱窜，显然不是一条毯子能解决的问题了。这时候航天员会选择专用的“太空灭火器”来灭火。

中国空间站一般使用的是气体灭火器，用二氧化碳、惰性气体等灭火剂，通过喷射或弥散的方式将火焰扑灭；还有液体灭火器，通常使用水和惰性液体作为灭火剂。

放心，太空灭火器喷出来的水，不会变成水珠飞得到处都是，因为它采用的是细水雾灭火的原理。

如果遇到的火情特别严重，比如空间站上的某个舱段着火了，航天员就要用最快的速度撤退到其他安全舱段，采用“舱段隔离”的方法来解决这次火情。

所谓“舱段隔离”，就是关闭有火情的舱段，同时将该舱段中的空气排空，再启动舱内喷射装备喷出二氧化碳。这样，火情就会在一段时间内被控制住。

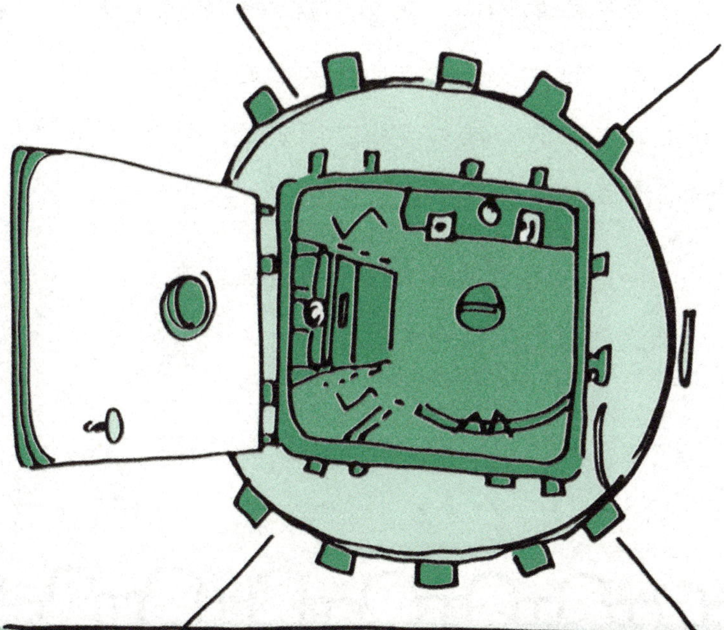

火焰扑灭后，航天员会及时对本次火情作出损害评估，检查舱内设备和环境的安全性。如果有设备在火情中受损，需要修复或更换，这样才能确保空间站的正常运作和航天员的安全。

因为密闭空间、微重力环境等各种因素，空间站一旦失火是非常危险的。如果没有及时控制住，很容易酿成大祸。历史上，就曾经有国外的宇航员因为空间站失火而失去了生命。

所以，不管是在太空中还是在地面上，对火情这件事都要格外重视！

第二十二问

如何在太空中修补漏洞？

人类生存离不开氧气，按照一个成年人单日呼吸 2 万～ 2.8 万次计算，一个人每天消耗的氧气量在 550 升左右。

太空中可没有氧气，空间站为航天员提供的最基本保障，就是源源不断的氧气供给。

那么，空间站里的氧气又是从哪里来的呢？

在空间站里，航天员可以用电解水的方法制取氧气。通常情况下，1 升水电解后可以制出大约 620 升氧气，足够一名航天员用一天。

再生生命保障系统还可以把航天员的汗液、尿液和使用过的废水都收集起来，净化处理为纯净水。这种净化后的水不仅可以喝，还能继续制氧。

瞧，这种循环制氧的方式，远比直接从地面运送氧气瓶上太空划算。

有人会担忧，那万一空间站制造氧气的装置坏了怎么办？

放心，为了应对突发情况，空间站还有其他备用氧气。

如果电解水设备发生故障，且无法在短期内修复，航天员可以从加压氧气罐中获得氧气。一般情况下，空间站内储备的加压氧气罐，够航天员呼吸 10 天左右。

和加压氧气罐同样作为紧急储备的，还有固体燃料氧气发生器。这种备用氧气体积小、重量轻，方便携带，点燃后就可以获得氧气，所以被称为“氧气蜡烛”。

但固体燃料氧气发生器存在一定安全隐患，毕竟它里面的氯酸钠是个“暴脾气”，遇到撞击和摩擦会爆炸。所以，不到万不得已，航天员是不会使用它的。

那如果空间站的氧气不小心泄漏出去导致密闭舱失压，又该怎么办呢？这时候航天员需要紧急穿戴好舱内航天服。

舱内航天服的“应急供氧”装置会通过服装供氧软管，把氧气送入航天服内。借这个机会，航天员要尽快找到“漏点”进行修补。

2018 年，联盟号飞船与国际空间站对接后，发现舱内压力降低。宇航员开始紧急排查，最后在联盟号飞船上发现了一个蚕豆大小的漏洞。

当时发现漏洞的德国宇航员急中生智，连忙用戴着航天手套的手指堵住了小洞，及时避免了气体进一步泄漏。后来，通过特殊的密封胶，这个漏洞终于被堵上了。

对于航天器上微小的裂缝或漏气点，使用密封胶进行修补是一种常见且有效的方法，因为密封胶可以形成一层密封层，阻止空气继续泄漏。

但密封胶的修补只是临时措施之一，对于更严重的裂缝或漏气问题，可能还需要使用专用的密封胶泥、胶带，或者太空焊接等。

时至今日，国际空间站依然被氧气泄漏问题困扰着，毕竟它早就过了“退休”的年龄，舱壁上时不时就会出现几个小漏洞。

不管怎样，希望每一位航天员都能够安全地完成他们的任务，顺利回到地球。

第二十三问

在太空中生病了怎么办？

航天员在空间站中飘浮，看起来新奇有趣、自由自在。其实很多人不知道的是，空间站除了失重以外，无休止的噪声、压力、辐射等，都可能引起航天员的晕厥、头痛、失眠、食欲不振、胃肠道不适，甚至严重的心律失常等。

那航天员如果在空间站生病了该怎么办呢？太空里可没有医院。

其实大家可以放心，地面上有很多“航天医生”牵挂着航天员的健康。

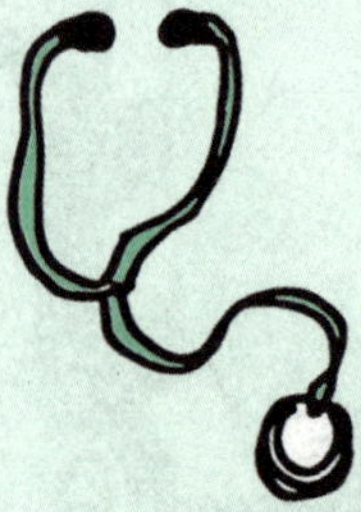
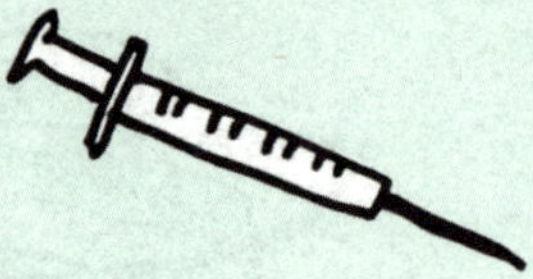
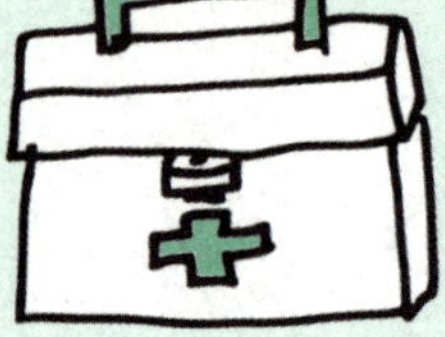

针对航天员的疾病治疗，中国采取的是多元化的方案，其中预防是第一步。

航天员会在出发前以及升空后，服用蕴含了中国智慧的中草药——太空养心丸。这种中药丸有缓解心跳加快、调节心血管功能的作用。

同时，空间站里还备有生理信号监测装置，每天都会为航天员进行体温、血压、心电图等高达 17 项的生理指标监测，来判断航天员的健康状况。

另外，每次太空任务通常都是三人一组。航天员在轨期间要定期互相做心脏超声、腹部超声及超声功能影像等检查。

为了更好地保障航天员的健康，中国的空间站内还配有各种先进的医疗设备，例如 12 导联动态心电监测仪、动态心电图、无创血流动力学监测仪等，甚至还有中医四诊仪。

医监医保人员除了通过空间站内的智能设备关注着航天员的健康，还有定期的远程医疗会诊。天地协同，为航天员的健康保驾护航。

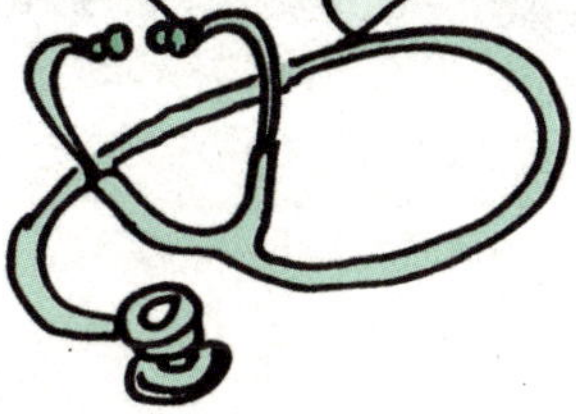

保健和预防工作做好后，必要的治疗也会跟上。毕竟人吃五谷杂粮，生病是难免的。所以，空间站内配备了必要的药品，还有一套科学、完整的在轨医学用药方案。

一旦航天员觉得不舒服，只要按照方案使用药物做辅助治疗，就可以第一时间对基础疾病采取及时的干预。

假设航天员在太空中不小心受了伤，不用过度担忧，因为空间站中也备有医学处置器材、药品，这些都是医监医保人员提前为航天员做好的医疗准备。

如果是轻伤，航天员可以进行自治或者同伴之间互相帮助治疗。

严重一点的伤势，可以与地面指挥中心联系，由医疗专家远程指导。

如果伤势非常严重，航天员就需要立刻返回地面，提前结束本次任务。

当然，在太空中执行任务的过程中，不管做什么事情都有严格的流程，只要严格遵守，就能把受伤的风险降到最低。

在未来，航天专家还会进一步研究和开发更好的技术和方法，来保护航天员的健康，为实现人类探索太空打好基础。

第二十四问

舱外航天服有哪些秘密？

前面讲过舱内航天服是航天员出发和返回地球时的安全保障。

那么，航天员到达空间站后，除了完成空间站内的实验和任务，还需要出舱维修，或者进行太空漫步，这时候舱外航天服就要肩负“重任”了。

“飞天”舱外航天服，是中国自主研制的航天服。2008 年 9 月 27 日，第一代“飞天”舱外航天服第一次在距离地球 300 多千米的茫茫太空亮相。2012 年，第二代“飞天”舱外航天服投入使用。

第一代“飞天”舱外航天服大约有 2 米高，重量约 120 千克，“第二代”重量约 130 千克。上下肢的长度可以根据航天员的身高调节，适合 1.6 ~ 1.8 米的人穿着。

“飞天”舱外航天服从正式使用以来，还在陆续更新各种功能。它里外共分为六层。

第一层叫舒适层。它采用柔软、透气的材料，贴身穿着很舒服，类似于日常的内衣。

第二层备份气密层和第三层主气密层，都是保证航天服在太空的真空环境中能保持一定的压力，防止因压力差对航天员身体造成伤害的关键层。

第四层是限制层。用于限制气密层因内部压力而过度膨胀，保持航天服的结构稳定性，同时也能为航天员提供一定的支撑。

第五层叫隔热层。它的功能是抵御太空环境中的极端温度变化，防止航天员受到高温或低温的影响。

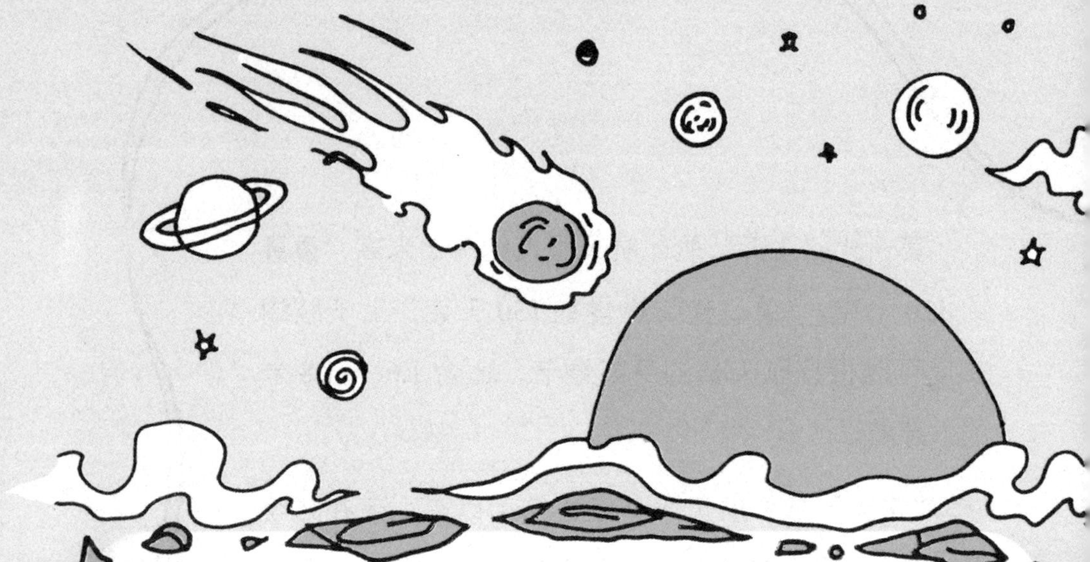

最外面的一层是防护层，由多种纤维复合而成，具有防火、防辐射、防微流星体撞击等功能，保护航天服内部各层结构和航天员免受太空环境中各种危险因素的伤害。最外层的材质可以承受正负 100℃的温度差，能抵御太空中的真空、高低温、太阳辐射和微流星等因素对航天员造成的危害。它还具备适合人体生存的气体和温度、湿度环境等功能，可以确保航天员进行各种太空作业。

也可以说，舱外航天服就像穿在身上的小型飞船。

这么厉害的舱外航天服，躯干部分的厚度只有大约 1.5 毫米，都不到两张 A4 纸的厚度。

更厉害的是，它不仅结实，表面还布满了电控台、插座和电脐带等各种精密仪器。

舱外航天服的最上面是头盔，它是由头盔壳、面窗和颈圈等组件构成的。

面窗是四层的结构：两层压力面窗中间充了氮气，起到了隔热和防结雾作用；外层是防护面窗，可以避免航天员在外作业时的磕碰和划伤；最外层是滤光面窗，航天员可以根据阳照区和阴影区放下和打开面窗。

早期国外的宇航服头盔因为没有想到防雾的问题，宇航员在舱外执行任务时，呼吸导致面罩内部产生雾气，差点酿成大祸。

后来，科研人员设计了防雾剂，每次出舱前，航天员在头盔内部涂抹一层防雾剂就可以避免“因雾生祸”了。但这种防雾剂是化学物品，虽然能防止起雾，但也有点刺激眼睛。

于是科研人员进一步研究，最终把防雾功能设计进了头盔内部。现在的航天员再也不需要手动防雾了。

在设计上，舱外航天服很贴心。

服装胸前一些设备上的文字标识是反的，这样航天员不用大幅度低头，只要通过手腕上的反光镜就可以更方便地观察、识别和操作。

舱外航天服胸前的“电控台”，是航天服的“大脑”。电控台上面有服装泵、加电、风机、照明、电台等各种开关。电控台左下方的液温手柄，可以调节航天服内部温度的舒适性。紧挨着液温手柄的是供氧和应急设备的开关。

“飞天”舱外航天服是背入式的。也就是说，打开背包上的“门”，可以自己独立完成穿脱。经过专业训练的航天员，在 5 分钟内就可以完成。

穿好航天服后，航天员只需要通过胸前的一根灰色拉绳，就可以预关闭背包，再通过锁闭手柄把整套服装关闭即可。

相比原来要经过十几个步骤，还需要别人配合才能穿上的“老式航天服”，新款航天服的操作可简便多了。

舱外航天服上还有一件非常重要的东西——安全绳。

那两根显眼的橘色绳索在航天服的腰部，是航天员出舱后时刻与扶手连接的安全装置。

航天员在舱外移动和攀爬的过程中，需要反复钩挂这两根安全绳，以保证不飘离航天器。

除了两根安全绳以外，航天服上还有一条“绳子”式样的电缆，人们给它起了一个形象的名字——电脐带。

电脐带会与轨道舱内部的设备连接，一是用于航天员和舱内通信，监测航天员在舱外的状态；二是作为安全绳的备份使用。

舱外航天服还有个很人性化的小设计，那就是在航天员头盔的内侧，颈圈部分有一个供食器，可以提供固体或半固体、流质食品和水。航天员在进行长时间舱外活动时，如果饿了、渴了，可以随时“加餐”。

有了舱外航天服的保护，航天员可以更加放心地探索宇宙奥秘。

第二十五问

太空中没有声音吗？

航天员在太空工作，需要经常执行一些舱外的任务。比如太空行走，和机械臂配合安装新的设备，进行常规检测，维修太阳能板，等等。

为了更好地完成任务，通常两名航天员一同出舱进行配合。他们想要沟通时，是需要通过喊话来传递信息吗？

当然不是。如果没有通信设备，不论两位航天员是距离遥远，还是近在咫尺，就算喊破嗓子，对面的人都听不见一丝声音。

想知道这是为什么，先要知道声音传播的原理。

有个小游戏，大家也许玩过。

拿两个纸杯，在纸杯的底部钻两个小孔，然后用一根线把两个纸杯连起来。两个人分别拿着一个纸杯进入两个房间，当一个人对着自己所拿的纸杯讲话的时候，另一个人通过自己所拿的纸杯能听到对方的声音，这就是一部简单的“电话”。

要知道，声音的传播依靠介质的振动来实现。这个“介质”可以是气体、液体、固体，它们都可以帮忙传播声音。纸杯电话的传播介质，就是那根细细的线绳。

在地球上，人们互相说话，就是因为声源让空气产生了振动，声音通过空气分子这个“介质”被传达出去了。

假设可以在太空中吹气球，你就会看到，因为大气压不同，只要轻轻吹一口气，气球就会不断膨胀，然后立刻爆炸。

气球的爆炸威力和在地球上差不多，只不过不会听到爆炸声。

没错，别说气球爆炸，就算两颗小行星在太空相撞，也只能看到火光冲天的震撼场面，听不到任何声音。

这是为什么呢？

答案就是太空是接近真空的环境，没有大气压，没有空气，没有任何东西可以作为介质传播声音。

航天员在执行舱外任务时，想要有效地进行交流，主要依赖特定的通信设备和技术，比如航天头盔内置的对讲机。

在太空中，声音是不能自然传播的。人们经常说“寂静的太空”，不是说太空中没有声音，而是听不到声音。

第二十六问

航天员如何平安回到地球？

航天员结束在太空中的工作后，需要返回地面时，和他们当初出发来太空的时候有什么不同吗？

就拿顺利返航的神舟十八号飞船来举例子吧。

神舟十八号航天乘组返回的时间是凌晨。为什么不选择在白天呢？

就像之前讲过的，火箭发射时需要一个发射窗口。同样，返回时也有返回的时间窗口。

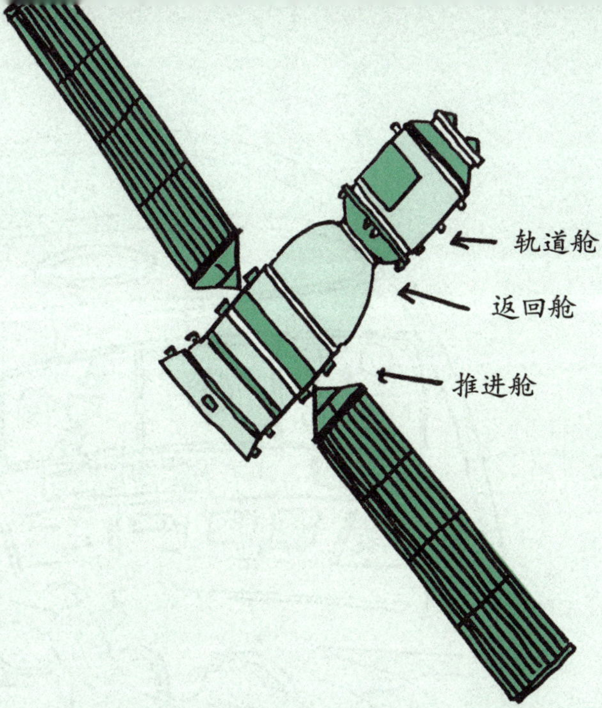

这个窗口期是由飞船的轨道和着陆点的位置，以及其他很多因素共同决定的，需要经过严谨的计算，不是想飞就飞的。

返回地球时，神舟十八号飞船仍旧是原来的三舱结构，即轨道舱、返回舱和推进舱。

不过，最终只有航天员乘坐的返回舱会回到地面，推进舱会坠入地球大气层焚毁。而轨道舱相当于一颗对地观察卫星或太空实验室，继续留在轨道上工作一段时间后，也会落入大气层销毁。

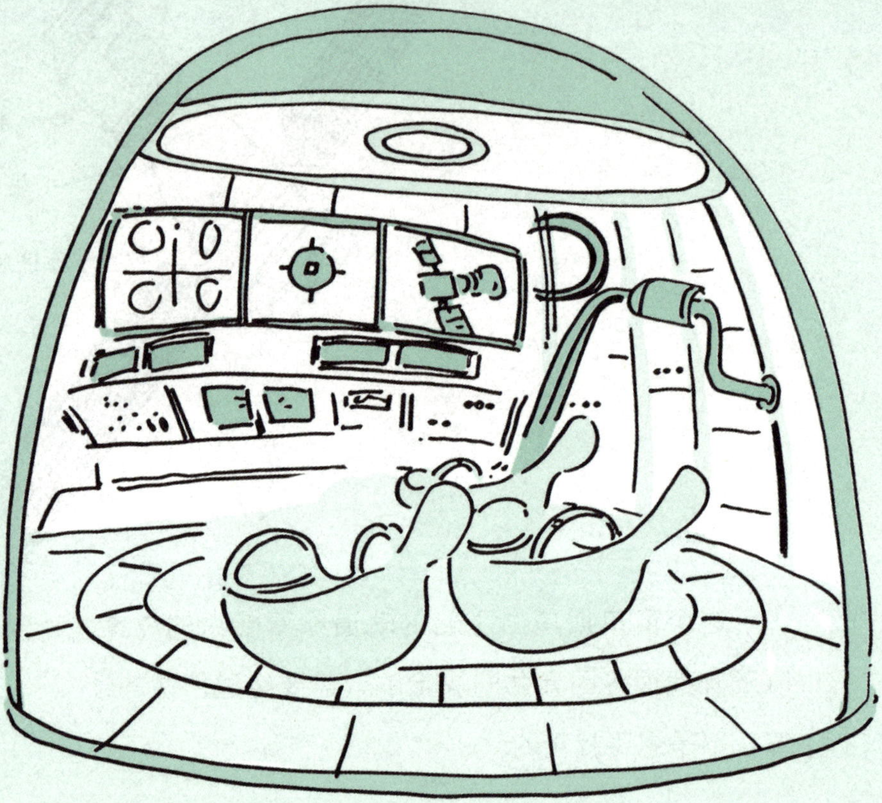

接下来了解一下返回舱吧。

神舟十八号飞船的返回舱长约 2.5 米，最大直径约 2.5 米，里面有可供三名航天员斜躺的座椅。返回舱重约 3 吨。

和飞机一样，神舟飞船的返回舱中也有黑匣子，它的全称叫作“应急数据记录器”。黑匣子安装在返回舱的航天员座椅下面，可以用来记录飞行数据。

从神舟十三号起，中国的“神舟”载人飞船采用的一直是“快速返回”技术。即环绕地球5圈（大约7.5小时）后，大约历时50分钟就可以着陆了。

再说一个小秘密，因为返回时间并不长，再加上返回舱内部空间有限，所以返回舱里不设卫生间。

返回舱和推进舱脱离后，返回舱会重新进入大气层。气流使得高速飞行的返回舱很难保持固定的姿态。所以，返回舱被设计得像一口大钟，底大头小，这样才能抵抗气流的干扰。

返回舱肩负着把航天员平安带回地面的使命，所以它的安全性非常高。

它不仅在高温、高压作用下仍能保证密闭性，舱段表面还涂有特殊的烧蚀材料，利用热解、熔化、蒸发等方式散热。所以，尽管返回舱表面会跟大气中的气体分子产生剧烈摩擦，出现2000℃左右的高温，但它仅仅是外表变得焦黑，舱壁不会被烧穿。

就这样，返回舱经过调姿、与轨道舱分离、太空刹车、穿越没有信号的“黑障区”、在大气层中摩擦产生高温等重重考验，最终回到地球。

世界早期的飞船有弹射功能，简单说就是把航天员从座位上弹出去，让航天员自己打跳伞降落到地面上。

现在的降落伞已经不需要给航天员使用了，而是装在了飞船上。

降落伞系统是载人飞船返回舱安全返回地球的关键装置。

飞船返回舱下降到距离地面 10 千米高度时，速度仍能达到 200 米 / 秒左右，如果没有降落伞来减速，返回舱会直接砸在地面上，那后果将不堪设想。

中国“神舟”载人飞船的降落伞打开后能够达到1200多平方米，是世界上最大的降落伞。这个降落伞由1900多块布紧密拼接而成，主伞全部展开后，可以覆盖3个篮球场。

更厉害的是，它是由特殊的高强度纤维材料制成的，看起来薄如蝉翼，其实特别结实。

飞船返回舱平稳着陆后，下一步就是“发信号”了。

不论是站立还是躺着的姿势，返回舱都会弹出短波和超短波的信号天线，发出信号，同时亮起“闪光灯”，好像在说：“我在这里。”

很快，搜寻队伍就可以找到并靠近返回舱，迎接勇敢的航天员回家啦！

第二十七问

神秘手提包里装的是什么？

你一定从电视上看到过航天员坐在返回舱中有条不紊地进行一系列准备工作的画面。

检查设备：检查自己的航天服及生命保障系统，确保其密封性良好、氧气供应正常、通信设备等能正常使用。

调整状态：把返回舱座椅调整好，保持身体处于最舒适且最有利于承受发射过载的状态。调整好自己的心态，保持冷静，集中注意力，做好心理准备。

通信测试：航天员会和地面指挥中心进行最后的通信测试，确保在返回地球的过程中能准确接收和传达各种重要指令，保证信息交流的通畅。

除此之外，在空间有限的返回舱里，还有几个“神秘”的手提包，它们就固定在航天员的座椅旁触手可及的位置。

这里面到底装的是什么重要的东西？我们来揭晓一下答案吧！

这个神秘的手提包，其实是返回舱紧急着陆后，保护航天员生命安全的救生包，它的总重量为 24.5 千克。

要知道，从太空返回地球路程遥远，也许会因为变幻莫测的天气或者其他因素的干扰，导致返回舱没有降落在既定的降落地点。

如果偏离得不远，很快就会被地面搜救人员找到。可一旦偏差太大，落在了荒漠、丛林、海洋、雪山这类人迹罕至的恶劣自然环境中，救生包就是防患于未然的必备物品。

训练有素的航天员会利用救生包里的物品，完成生存和自救，同时发送位置，等待救援。

这么重要的救生包里到底都装了些什么？

别看航天员的救生包不是很大，但里面的救生物品可谓应有尽有，主要分为四类。

第一类是求救信号联络物品。

包括个人呼救电台、GPS定位仪、闪光标位器、光烟信号管、信号枪及信号弹、海水染色剂等。这些物品可以帮助航天员与地面控制中心取得联系，并辅助地面搜救人员尽快赶到航天员降落地点进行救援。

第二类是医疗救护用品。

包括急救药包、蚊虫驱避剂、蛇伤自救盒等。

第三类是生存物品。

包括可以满足航天员48小时生存需要的食品和饮用水、食盐、渔具、驱鲨鱼剂、抗浸防寒漂浮装备、折叠充气救生船、防风火柴、引火物、救生口哨等。

第四类是防御自卫用品。

包括防身手枪及子弹、生存刀等。

有了这些物品，不管身处何种自然环境，航天员都能及时保障自己的生命安全和健康。

航天员还配备手枪？难道是在太空中和外星人“激战”用的吗？

答案当然是否定的。

之所以配备手枪，是假设返回舱意外偏航降落在深山老林中，航天员需要用它来防御猛兽。

作为航天员，心理素质和应急能力非常重要。在极端环境中，保持冷静思考和理智的判断是生存的关键。

在日常训练过程中，航天员不仅要掌握这些工具的使用技巧，还会通过模拟训练的方式，来提升应对突发情况的心理承受力。

只有这样，在真正面对未知挑战时，才能迅速作出准确的判断，充分利用救生包中的生存资源来保证自身的健康和安全。

第二十八问

航天员回到地面为什么要被抬着走？

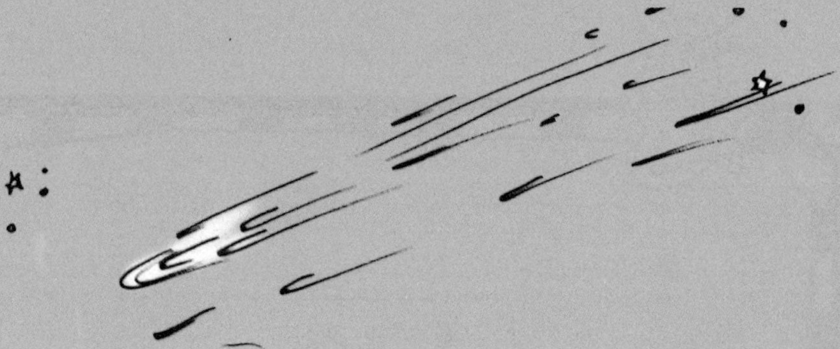

前面了解了航天员在太空中的工作与生活，最后一问，就来说说航天员返回地球后要注意什么吧。

当神舟十八号飞船返回舱划过夜空，如流星般璀璨。看着被烧灼得满身斑驳的返回舱平安降落，看着航天员乘组胜利归来，每一个中国人都为之激动，民族自豪感油然而生。

但也有细心的同学会担心地问：为什么航天员叔叔、阿姨明明平安落地，但是从返回舱出来以后，需要被人搀扶，还要被抬着走呢？他们的腿不会在返回的过程中受伤了吧？

航天员从返回舱出来后需要搀扶，还要坐在椅子上和大家报平安，其实是因为他们在太空中生活了太长的时间。

太空和地球的环境有很多不同。

太空中没有地球的重力，航天员大部分时间是飘浮状态。刚从太空返回地球，航天员的身体开始重新适应重力环境，各个器官系统都要做出相应的调整。

比如前庭系统，这个系统负责让我们保持平衡。在太空中，前庭系统习惯了随便翻滚、飘浮的状态。回到地球后，它突然要重新感受“立式”站姿，难免会有些“混乱”。

还有骨骼肌肉系统。在太空里，航天员不需要像在地球上那样支撑自己的身体，所以骨骼肌肉会“偷懒”。回到地球后，又要开始工作的骨骼和肌肉一下子无法适应，会感到疲劳。

因为平衡功能、肌肉的协调性都需要重新调整，所以航天员刚回到地球会站不稳。

为了帮助航天员更好地适应地球的重力环境，当舱门打开后，工作人员会第一时间进入返回舱内，协助航天员调整身体的姿势。

航天员从微重力环境中回到地球，血流会一股脑儿地集中在腿部，容易造成脑供血不足。所以，工作人员会给航天员补充一些水分和营养补充液，帮助航天员的身体尽快恢复。

基于以上原因，返回舱落地后，科学的出舱时间是航天员返回后 40 分钟左右。

等到舱内准备就绪，航天员会在工作人员的协助下出舱，舱外有专人为航天员送来座椅，并将他们扶到椅子上坐稳。

别小看这把椅子，它可以根据每位航天员的身高、体重，自动调节到合适的体位，让刚刚“到家”的航天员更舒服地适应重力。

如果返回舱着陆的时间是在冬季，气候寒冷，工作人员会根据具体情况尽量减少航天员在寒冷环境下的暴露时间，让航天员尽快进入温暖的医监医保车。

在车上，医疗人员还会开展一系列医学检查、医学评估以及一些帮助航天员尽快恢复的方法。

值得一提的是，航天员返回地面的时候，除了带个人物品，还会带一批医学科学实验样本。其中包括航天员自己的血液、尿液、唾液等。

科研人员可以通过这些样本，从细胞分子基因的层面展开更多研究。

之后，航天员还要经过医学隔离期、医学疗养期和恢复疗养期三个阶段。这个过程需要 5 个月左右，之后航天员才能转入正常训练，继续为人类的太空探索事业作贡献。

这就是航天员从地面训练，到进入太空，最后再返回地面的全过程。读完整本书，是不是更加敬佩航天员了？

那就努力学习，锻炼身体吧。

相信在不久的将来，小读者中也会出现勇敢的航天员，他们勇往直前，不畏艰辛，去探索太空的奥秘，去挑战宇宙的极限，为人类未来的发展贡献力量。

特别感谢如下专家参与创作工作：张云翼、高云、李响

以下作者对本书亦有贡献：谢鹏、孙怡然、毛峰、王娟、陈曦、宗光耀、林钰涵、张雨佳